航 空 知 識 入 門 編

從基礎就一清二楚
客機大百科

Encyclopedia of Airliners

Contents

Chapter1

活躍在世界各地的各型客機

Chapter2

客機的艙等與服務

Chapter3

各種的客艙設備

Chapter4

客機的機制

Chapter5
客機的駕駛艙

Chapter6
客機的性能

活躍在世界各地的各型客機

世界上有各式各樣數不清數量的客機在飛行。

噴射機和螺旋槳飛機、總座位數從超過500人的超大型飛機到只能容納幾個人的小型飛機，機型和機身大小也都形形色色。

我們將從這麼多種類的飛機裡，介紹幾款代表性的機種。

Luke H.Ozawa

競 逐 性 能 至 今 的 競 爭 對 手 們

世界的客機
進化的航跡

互相切磋琢磨進步至今的客機

　　世界上就是因為有競爭才會有進步，這個原理也適用於客機。尤其是飛機剛出現不久的時代，由於客機性能差異巨大，用那一款客機就直接關連到了航空公司的競爭能力。像是1926年首飛的福特Trimotor，可以150公里的時速飛行900公里。相較於此，1933年首飛的波音247，則可以時速300公里飛行約1200公里。由於速度加倍，而且續航距離又長（途中的燃料補給較少），因此飛行時間的差距應該極大。也由於飛機的乘客最重視的是速度，因此每個人都應該會選擇搭乘波音247機型的航空公司。

　　航空公司雖競相下單247，但當時波音公司優先交機給屬於同一集團的聯合航空，而將其他航空公司的交機延後。這在競爭公司的眼裡，是個攸關死活的大問題。因此TWA航空便決定委託新興飛機製造商道格拉斯，製造出性能可匹敵247的客機。既然已經有了247這個範本，只要參考247就不難做出相抗衡的機種。這個情況下誕生的便是DC-1。

　　DC-1比247飛得更快更遠，而且可以載更多乘客。但生產出來的只有1架，量產型的DC-2則更加大型而且動力更強。

　　因此247的天下只維持了一年多，之後就都是由道格拉斯取代波音，成為飛機製造業的龍頭公司。這種提升性能的競爭，在第二次世界大戰之後也依然持續。隨著空中旅行的盛行，飛機的製造成為了一門大事業，製造商之間的競爭也日益激烈。這一戰的主角是道格拉斯，在DC-2之後，DC-3、DC-4，改良型的DC-6和DC-7也一一暢銷。而動搖了道格拉斯領先地位的，是企圖重回客機業界的波音公司。

　　波音公司自主開發了使用當時還是新技術噴射發動機的客機707，打算讓之前的螺旋槳客機全部趕不上時代。對於這個動作，道格拉斯也開始進入噴射客機DC-8的開發工作，這個部分二家公司一樣是激烈競爭。結果是，世界的天空一下子就進入了噴射化的時代。

世界最大的客機製造商，美國的波音公司。該公司最早開發的客機是名為Model 40的雙翼螺旋槳機，最新的飛機則是787。

Boeing

顛覆天空常識的新舊型巨人機

波音 空中巴士

747和A380

超大型機的代名詞「巨無霸」波音747。
但是2006年，當空中巴士A380開始飛航之後，世界最大客機稱號就屬於這架全機雙層客艙的客機了。
而波音也推出了第三代的巨無霸747-8，巨人機大對決仍在持續中。

Boeing

波音747-8
Intercontinental
主要諸元

翼展	68.45m
全長	76.25m
高度	19.35m
配備發動機	奇異 GEnx-2B67
發動機推力	66,500lb×4
最大起飛重量	442,260kg
巡航速度	馬赫0.855（標準）
最大航程	14,816公里
標準座位數	467座（3艙等）

在1969年第一次飛行的早期型之後，進行操控系統電腦化等高科技化之後的747-400型（通稱Dash400）啟航（1988年首航）。Dash400活躍在世界各地，而目前第三代的747-8也已出現。圖為德國漢莎航空的747-8 Intercontinental（洲際型）。

Airbus

空中巴士A380-800
主要諸元

翼展	79.80m
全長	73.00m
高度	24.10m
配備發動機	勞斯萊斯Trent900、發動機聯盟GP7200
發動機推力	70,000～72,000lb×4
最大起飛重量	560,000kg
巡航速度	馬赫0.89（最高）
最大航程	15,700公里
標準座位數	525座（3艙等）

為了和747相抗衡，空中巴士開發出了全機雙層客艙的超大型機A380。歐洲和亞洲的大型航空公司一一引進，飛航日本路線的航空公司也逐漸增加中。日本國內的天馬（SKYMARK）航空也預定在2014年秋季引進。

正因為她的巨大
曾經沒有過敵手的747

波音707和道格拉斯DC-8的對決中，由707勉強地獲得了勝利。波音公司在不等候航空公司下單情況下進行707的開發，並在1954年完成了原型機。這比DC-8的首飛早了長達4年，會獲勝並不意外，但現實上這場對決卻非常辛苦。因為後完成的DC-8的計劃，是擁有可以比707多放一排座椅的寬大機身，以及更高的性能。這種情況和之前對於先出現的247，推出增加性能獲致最後勝利的DC-1的情況極為類似。707為了因應這個部分而被迫大幅修改設計，結果正式服役時間被追到只早了1年。

而且DC-8因應了航空的需求而不斷地增加機身長度，容納人數上後期機型甚至達到了早期機型的1.5倍。相對地，機輪較短的707只要加長機身，在起飛時機尾就會擦到地面，因此無法對抗。波音因此而決定全新生產一款大上許多的超大型客機。而這就是747巨無霸噴射客機。

Boeing

早期的波音747

747飛航定期航班是在1970年。這一年是大阪萬國博覽會的舉辦年，說來是很老舊的飛機，但再三的改良之下，一直君臨客機的市場到最近。

747是為了擊敗DC-8而生產的，但機身規模差了一倍，應該不能稱為競爭對手才對。當然，道格拉斯也進行了全新大型客機的開發，但是做出來的DC-10也稱不上是747的競爭對手，由於747實在是太過巨大難有敵手，因此DC-10其實是以再小一些大小的市場為目標的緣故。這個市場雖另有洛克希德也開發了三星式客機來搶食，但終究沒有生產出足以和747競爭的機型。

Konan Ase

747-8F

和A380相抗衡的最新型747-8。但是客機型一直賣得不好，反倒是貨機型較有人氣。

747和A380的主客艙

747（左）和A380的主客艙（1樓座），座位的配置其實是相同的。因為機體寬一些，A380的座位較為寬敞，但747愈向前愈細窄的獨特空間部分，很受歡迎。

　　但是，在全球的航空需求增加到更大時，接下來只剩下「過大的747」獨霸的局面了。就因為沒有競爭對手，航空公司無從選擇。DC-10和三星式加起來也只賣掉了500架左右，而747賣了達1500架。747獨霸的時代居然持續了超過30年。

21世紀的巨人機
全機雙層客艙的A380登場

　　但是在進入了21世紀之後，747的強力競爭對手出現了，這就是空中巴士的A380。

　　空中巴士公司是歐洲各國合作成立的飛機製造商。之前雖然歐洲不斷地開發出先進的客機，但販售的數量就是比不上美國。因此大家攜手合作，為了對抗美國而成立的就是空中巴士公司。

　　空中巴士公司從150座的A320到400座級的A340陣容齊全，已成長到足以和波音公司平起平坐的程度，但唯一沒有的，是足以和747對抗的超大型客機。最後終於達成的機型，就是A380。

747和A380的上層客艙

只有小型客機大小和乘客容量的747上層客艙（左），和擁有大型客機同級大小的A380上層客艙（右）。這部分的差距就是二機在座位數上的不同。

A380雖然可以載客多達747的1.5倍，但是機身卻沒有1.5倍大。為了抬起沉重的機身而主翼的確很大，但機身的全長和747相當，客艙的寬度也沒有很大差異（747、A380的經濟艙座位都是最大橫排10座）。但二種飛機出現座位數的極大差距，關鍵在於上層客艙的客容量。

747原本設定的是作為貨機使用，機頭設有很大的貨艙門，而將駕駛艙設在2樓；至於上層客艙，其實只是駕駛艙的延長罷了。而A380則一開始就以全機雙層客艙來設計，因此上層客艙和一般廣體客機一樣寬敞。或是換一種比喻，大家可以想像747像是廣體客機上疊上一架小型支線客機，而A380則像是2架疊起來的廣體客機一般。

不是大就是贏家
還會持續下去的巨人機對決

當然，客機絕對不是大就一定好。A380一進行生產，波音便開發出將747機身加長的747-8加以對抗，但仍然比A380小很多，不過波音公司堅持這樣就夠了。因為能夠填滿A380過多座位的航線不多，而且機場不夠大時要移動也不方便。而如果是不會過大的747-8，就可以更有彈性地加以運用。

只是，現實上747-8賣的不太好，賣掉的飛機也大都不是客機而是貨機。原因或許形形色色，但只要搭一次A380就許就會理解到「原來如此」。A380的舒適性和安靜性，和之前的各機有著很大的不同。可以在這架飛機上感受到，原來這就是

Emirates Airline

A380的豪華設備

A380的魅力不只是大，還有各家航空公司競相引進豪華設備在自己的招牌機型上也使其富有魅力。阿聯酋航空的A380頭等艙是包廂型態，還設有淋浴間和酒吧等設備。

超過30年的技術進步成果。

當然，747也數次進行了改良至今。如果沒有改良，就不可能這麼長期獨霸天空了；只是就因為沒有競爭對手，或許仍然失之於大意。接下來，就看看波音如何以「不過大的尺寸」為武器來扳回一城了。

追求超低油耗性能和舒適性

波音　　　　　　　　空中巴士

787和A350

近年來，由於原油價格（燃料費）的高漲，航空公司競相引進燃油效率較好的飛機。
為了爭取這種切身的需求，波音和空中巴士競相開發的，
便是大膽引進新技術的波音787和空中巴士A350XWB。

Boeing

波音787-8
夢幻客機
主要諸元

翼展	60.12m
全長	56.72m
高度	16.89m
配備發動機	奇異 GEnx 勞斯萊斯 Trent1000
發動機推力	63,050lb×2
最大起飛重量	227,930kg
巡航速度	馬赫0.85（標準）
最大航程	14,500km
標準座位數	246座（2艙等）

許多複合材料達成機身輕量化，以及新方式的電源供應系統等，使用了許多新機制的新
世代客機787。

Airbus

波音A350-900
主要諸元

翼展	64.75m
全長	66.80m
高度	17.05m
配備發動機	勞斯萊斯 Trent XWB
發動機推力	83,000lb×2
最大起飛重量	268,000kg
巡航速度	馬赫0.89（最大）
最大航程	14,350km
標準座位數	315座（2艙等）

787的競爭對手A350XWB。比787大了一圈，是一款也可以爭取777後續需求的機種。

高速客機音速巡航機

當初，波音提案的新世代飛機是高速客機音速巡航機，但得不到客戶青睞而中止開發。

早期的787機身形狀案

音速巡航機的替代方案是787。確定開發時發表的機身形狀就是這幅繪圖般，比現有機種瘦長，但後來改為比較一般的外形。

ANA影響誕生甚巨的787

2008年7月，波音787的第1架飛機首度公開時，機身上描繪的下訂航空公司裡，全日空航空（ANA）的LOGO特別大。ANA是首家下訂787的起始客戶，但參與卻遠超過起始客戶的程度。

之前，波音思考的新型客機，是重視速度而不是經濟性，像是運動車款的音速巡航機。ANA曾向波音要求生產低油耗的高經濟性中型客機，但據說當初波音並沒有接受。

但是，音速巡航機完全得不到航空公司的青睞；當波音轉向計劃ANA要求的高經濟性客機時，卻超乎想像大受歡迎。因為在連1架都未完成之前就接到了近700架的訂單，達成了空前的記錄。因此第1架公開的飛機上，ANA的LOGO特別大也不令人意外。

787比大約相同大小的767油耗提升約20％。之所以能達到這個程度，是因為在輕而且風阻小的機身上，裝載了油耗良好發動機所致。機身的輕量化上，日本生產的碳纖維有著很大的貢獻。因為大量使用，以樹脂將比鐵輕卻堅固的碳纖維布貼合，再以高溫、高壓燒成的碳纖維強化塑膠（CFRP），達成了機身輕量化。此外，由於CFRP不會像金屬般生鏽，因此整備作業的程序也少。

787出廠儀式

2007年7月出廠的787第1架飛機。但之後的測試期間中開發作業不斷延誤，開始商業運行的時期延到了2011年10月。

787的起始客戶ANA

787因為ANA的下單而確定開發，因為是起始客戶，ANA比其他航空公司更形重要。第1架飛機上描繪的航空公司客戶LOGO裡，ANA的也最大。

發動機除了比之前機種的油耗性能較好之外，也因為不再以高壓抽氣對客艙進行加壓，使得效率更高。在空氣稀薄的高空飛行的客機，需要對機艙加壓。這個動作之前都是由發動機抽出壓縮的空氣來使用，但這就會使得發動機的效率降低。因此，787便將加壓用的壓縮空氣改由電力壓縮機來供應。當然，發電機的負荷會加重，但確實如預期般達到了提升油耗的目的。787正式飛航後，根據ANA公布的實測值顯示，787的燃油效率提升了約21%，超過了設計值。

能與787和777雙方抗衡的空中巴士A350XWB

看到了787大獲成功的對手空中巴士公司，立刻公布了相抗衡的A350計劃。但是，當初的提案，僅止於將A330的發動機和系統更換為787的同等級機件，並沒有得到航空公司的青睞。或許空中巴士公司有絕對可以和787相抗衡的信心，但航空公司要的是更有吸引力的新型客機。因此，空中巴士公司發表了加大機身等全新設計的A350XWB，也終於得到了航空公司的訂單，進入了開發的階段。

技術方面，A350XWB和787幾乎相同等級，也如同787般大量使用了輕而堅固的CFRP，裝備了和787同等低油耗、低噪音的發動機；當然也都是配備了符合21世紀水準的電子儀器等，巧妙地做到了「截取787的優點」。

但是，由於計劃本身開始得晚，只做到這樣是無法取勝787的。因此A350XWB加大了機身（這就是「XWB=extra wide body」名稱的來源），這讓相同座位數時比787寬敞，勉強些的話還可以比787多加1排座位。空中巴士公司強調，不論是高規格的航空公司或廉價航空（LCC），都可以比787更有彈性。

此外，正因為開始時間較晚，空中巴士有著可以充分反應787教訓的優點。

Boeing

Airbus

大量使用複合材料的 A350XWB

A350XWB也大量用複合材料追求機身輕量化等，引進和787相同的概念。

舒適性極高的787客艙

機內燈光使用LED，行李箱也加大的787。使用了堅固而不會生鏽的複合材料，可以提高壓力讓客艙的氣壓和濕度比之前機種接近地表狀態等，高舒適性也是販售重點。

Airbus

A350XWB的家族構成

A350XWB以標準型的A350-900型為主，由機身縮短型的-800型和機身加長型的-1000型構成家族。

使用了全新技術的787，也因為技術過新而面臨了許多技術上的問題。空中巴士公司將這些研究解決之道作為自己的參考，讓A350XWB的開發工作得以更順利進行。

另外，由於787訂單過多，有著下單到交機時間太長的問題存在。因此對後來下訂的航空公司而言，不論選擇787或A350XWB，到接機之間的時間幾乎沒有差異。因此落後產生的不利局面幾乎也都消除殆盡。

順便提一下，A350XWB計劃以機身長短分為3種機型，最小的機型抗衡787，最大的機型則抗衡777。換句話說，A350XWB的1個機種，就可以和787與777兩個機種相抗衡。

Airbus

**JAL決定引進
A350-900/-1000型**

之前大都使用波音客機的日本籍航空公司，JAL決定採用A350XWB，計劃從2019年開始營運。

讓3、4發機衰退的雙發機時代來臨

空中巴士
A330 和 波音 777

長程國際線到大國的國內幹線，現在客機的主角已是裝備2具發動機的雙發機。
燃油效率高，而且載客量也和過去的3發、4發機相當的空中巴士A330和波音777，可說是雙發機全盛
時代的旗手。另一方面，快速地失去需求的是A330的姊妹機A340（4發機）。

空中巴士A330-300
主要諸元

翼展	60.30m
全長	63.69m
高度	16.83m
配備發動機	奇異 CF6-80E1A1 普惠 PW4168 勞斯萊斯 Trent768
發動機推力	72,090lb×2
最大起飛重量	230,000kg
巡航速度	馬赫0.86（最大）
最大航程	11,300公里
標準座位數	295座（3艙等）

在全球航空公司裡有大量飛機營運中的A330。後續機種A350XWB雖然在開發中，但使用
彈性佳的A330應該還會活躍下去。

空中巴士A340-600
主要諸元

翼展	63.45m
全長	75.36m
高度	17.22m
配備發動機	勞斯萊斯 Trent500
發動機推力	56,000lb×4
最大起飛重量	380,000kg
巡航速度	馬赫0.86（最大）
最大航程	14,600公里
標準座位數	380座（3艙等）

A340雖是為了長程路線開發的機種，但在A330等雙發機性能提升之下，快速地失去了發
揮的戰場。

波音777-300ER
主要諸元

翼展	64.80m
全長	73.90m
高度	18.50m
配備發動機	奇異 GE90-115B
發動機推力	115,300lb×2
最大起飛重量	351,530kg
巡航速度	馬赫0.84（標準）
最大航程	14,490km
標準座位數	386座（3艙等）

Boeing

777開發當時是中程客機的定位，但後來衍生型一一出現，現在不少航空公司用來飛航長程國際線。可說是開了雙發機躍進的先河。

3發機的後續是廣體雙發機

進入1990年代之後，洛克希德L-1011三星式和道格拉斯DC-10等的3發廣體客機陸續進入了退役時期。但是，洛克希德已經退出了客機事業，而麥克唐納道格拉斯則以DC-10為基礎開發出超長程機種MD-11，但無法發揮預期性能，市場評價不佳。因此最後這些後續機種的需求，就成為了空中巴士A330和波音777二擇一的競爭了。

A330是將風評極佳的A300機身加長，增加座位，再搭配高效能的新主翼和新發動機組合而成。更加具有劃時代意義的是，駕駛艙使用和小型機A320共通的規格。

之前的客機，每個機種都各有自己的駕駛艙，操作方式也各不相同。因此，當機師要變更操縱的機種時，每每需要長期的訓練以取得資格。但是空中巴士公司，由於在A320引進了電腦操控的線傳飛控（FBW）操作系統，只要變更軟

Konan Ase

過去活躍過的3發廣體客機
日本國內使用過的DC-10（上）和三星式（下）。二者都是配備3具發動機的廣體客機。

"最後的3發客機" MD-11

雖然應該是DC-10的後續機種，但由於無法發揮出預期的性能等因素，此機成為了3發機的關門之作。現在仍有相當數量的貨機在營運中。

空中巴士的原點A300

空中巴士的第1架產品A300。A330的機身承襲自A300，駕駛艙則承襲了A320。技術上可說是空中巴士公司的集大成機種。

體，不同機種也可以進行相同的操作。

　　雖然在法律上，A320和A330的機師資格仍然不同，但轉移的訓練時間可以縮短很多。對於已經使用A320的航空公司而言，引進A330的門檻非常低。像這樣，不同機種卻儘量讓駕駛艙和操控共通化的作法，是空中巴士客機的一貫特色。

雙發機全盛時代的中心777

　　另一方面，777則是將前一款767加大

到和3發機同等大小的雙發客機。之所以2具發動機就夠用，除了推力增加之外，還有之前綁住雙發機在洋上飛行等的諸多限制放寬的因素存在。如果3具發動機能夠減到2具，當然油耗效率也會提升，整備費用也會低廉。而且波音公司首度引進FBW系統到777，駕駛艙乘組員也只需要2人，而不是DC-10和三星式等的3個人。

　　此外，777系列也生產了將標準型777-200型加長機身增加座位後的777-

A330的駕駛艙

使用了側向操縱桿和線傳飛控系統的駕駛艙，基本上和A320的駕駛艙相同。4發的A340除了節流閥桿數量之外幾乎是相同的規格。

777的駕駛艙

波音777也全面採用了線傳飛控，但是為了維持住和先前機種有共通的操縱感覺，駕駛盤採用了一般的形狀。

300型，這個機型被視為早期型747 Classic的後續機種。因為就算由東亞必須使用747-400型等的長程客機才能直飛歐洲和美國東岸，但中程路線則使用雙發的777就足夠了。

但是，777的經濟性極高，許多航空公司強烈希望能以之取代747-400作為長程航線的機種。為了因應這個需求，美國聯邦航空總署（FAA）等各國的民航當局，決定推動進一步鬆綁雙發機的限制，777也就可以生產長程航線用的機種了。結果上，777除了當初計劃用來取代3發廣體客機之外，甚至將自家的上位機種747逐出了市場。

命運和A330正好相反的A340

雙發機飛航的限制鬆綁，也影響到了競爭對手的空中巴士公司。其實空中巴士公司開發出A330的相同機身搭配上4具發動機的A340，而且以長程用的機種販售。但是，當雙發機就可以飛行長程航線的話，經濟性方面就會優越得多。

因此A340的訂單劇減，而且終於在2011年時宣布結束生產。

不過A330的訂單源源不絕，近10年之間得到了超過800架的訂單，這個數字足以匹敵因為劃時代的高經濟性而大有斬獲的787。雖然A330並不像A340可以飛航長程航線，但是空中巴士公司已進行開發全新的A350XWB，同樣得到了800架的訂單（2013年底時）。

當然，波音公司不會坐視空中巴士公司的良好業績，2013年秋季時開始了新世代主力機種777X的開發，並且收到了超過300架的訂單。777X是將777搭配上使用複合材料的主翼和發動機等，更提高了經濟性的機種；還進一步在機翼上採用了客機上首見的可折疊機制，能夠在狹窄的機場運作。

波音777X
空中巴士公司正在進行A350XWB的開發，用來取代A330。波音公司也因此決定開發波音777X機種。但是，777X是原有777的衍生型，設計上並沒有全面的翻新。

Boeing

樸實卻是絕對的「主力機種」

波音 　　　　　　　空中巴士

737 和 A320

現在，要是說到世界民航界裡最普遍的客機，那應該就是波音737和空中巴士A320了。
這二個機種，是從全球性的大型航空公司到廉價航空（LCC）都廣泛運用的小型噴射客機。
雖然二個機種都很樸實，但是小型噴射客機的開發競爭，卻掌握著製造商的命運。

Konan Ase

**波音737-800
主要諸元**

翼展	35.32/ 35.80m （加裝翼尖小翼）
全長	39.47m
高度	12.50m
配備發動機	CFMI CFM56-7B
發動機推力	27,300lb×2
最大起飛重量	79,010kg
巡航速度	馬赫0.785（標準）
最大航程	5,765km
標準座位數	162座（2艙等）

全球人氣最高的客機之一，是波音737NG系列。日本的航空公司也使用了737-700/-
700ER和-800型。此外，波音還生產了縮短機身的-600型和加長機身加長航程的-900ER
等機型。

Airbus

**空中巴士A320
主要諸元**

翼展	35.10m/ 35.80m （加裝翼尖小翼）
全長	37.57m
高度	11.76m
配備發動機	CFMI CFM56-5B3 IAE V2500-A-1
發動機推力	27,000lb×2
最大起飛重量	78,000kg （CFM56機種）
巡航速度	馬赫0.82（最大）
最大航程	6,100km
標準座位數	150座（2艙等）

和737平分人氣的空中巴士A320。即使是737居優勢的日本，廉價航空競爭引進A320，
使得數量急劇增加。和737NG同樣地，以機身長度不同由A318/A319/A320/A321等4個
機型構成家族。

Konan Ase

第一代的波音737

早期型的737-200型。1960年代登
場的737系列,不斷地增加新技術開
發新機型,成為了長銷的機種。現
在的737NG系列算是第3代。

第4代的波音737

第4代的波音737,737MAX系列也開
始開發。小型機市場上,全新設計的
飛機會花費過多開發費用,飛機的價
格會拉高,所以通常是推出衍生改良
型的機種。

Boeing

小型噴射客機的歐美對決

波音737和空中巴士A320都屬於樸實
型的飛機,既不特別大也不罕見。但是
賣得最好的客機卻也是這2個機種。二
者都已賣出超過1萬架,領先其他客機1
個位數。

噴射客機誕生時,一般都認為長程航
線最能夠發揮。速度快的優點愈是長程
愈顯著,短程的話則和螺旋槳客機差異
不大。但是,當法國開發出短程用的噴
射客機卡拉維爾時,卻超乎意料之外地
大賣。因此各飛機公司開始競相開發短
程用的小型噴射客機,不久後,美國的
波音737和道格拉斯DC-9就幾乎霸占了
市場。

Airbus

改良型的
空中巴士A320

空中巴士也正在進行提高
燃料效率的A320neo家族
的開發,將A320系列的
發動機更換為新世代的機
種。neo是「new engine
option」的簡稱。

Konan Ase

737和A320的客艙

完全的競爭機種737（左）和A320（右）。經濟艙二者都是單走道的橫6座配置，乘載的旅客人數也幾乎相同。

就像是英國雖然開發出了世界第一架噴射客機彗星式，卻無法贏過美國的波音707和道格拉斯DC-8一樣，小型機市場上歐洲客機製造廠仍然無法贏過美國的飛機製造廠。危機感強烈的歐洲各國聯手希望扳回而設立了空中巴士工業集團（現空中巴士）。而開發出A320，就是為了擊敗波音737和DC-9。

以舒適性和高科技化決勝的A320

A320的開發比737和DC-9晚了約20年，這段期間裡，美國客機已經在市場建立起了「標準客機」的地位。換句話說，航空公司只要選擇737或DC-9之一，在選擇機種上就不會遭遇問題。要和這種情況相抗衡，必須要有相當的賣點才能夠做到。空中巴士公司建構在A320機上的，是美國客機無法模仿的舒適性和全面的高科技化。

舒適性部分，單純的說法是較粗的機身。相同機種的客機要加長機身容易，要加粗機身卻很困難。A320雖然和737同為橫6座配置（DC-9為橫5座），但機身大於737，讓運用上更有彈性。機身較寬不僅座位可以加寬，而且頭上的置物箱和地板

Konan Ase

A320的貨艙

A320系列的機身直徑略大於737，結果是貨艙內可以裝載貨櫃，這也是A320占優勢的部分之一。

下的貨艙也都可以加大。對乘客而言固然是好事，航空公司也可以期待有貨運的收益。缺點是風阻因此而變大，但由於這20年在空氣力學上的進步，A320的風阻並不遜於競爭對手們。

此外，A320的操控系統全面採用運用電腦的線傳飛控（FBW）也是創舉。FBW是可以透過電腦，輔助機師進行最適當的操控操作，提供更有效率而安全飛行的系統。

737也以新世代來對抗

A320雖然後發，卻確實地搶掉了競爭對手的市場。而生產DC-9系列的麥克唐納道格拉斯被波音購併，剩下的737也必須做出裝備全新主翼等設計上的大變更，才可能與A320一較長短。全新誕生的是名為737NG（next generation）的系列，後來發揮了和A320五五波的競爭力。

日本國內最早下訂737NG的是天馬航空。新興航空公司陷入和JAL以及ANA等大型航空公司的苦戰中時，讓該公司起死回生的，就是在統一改用737NG來取代舊有的767之後的事。另一方面，2013年後陸續加入的日本各家廉價航空大部分都使用A320。二者都是不搶眼的機種，但

Konan Ase

A320的駕駛艙
備有側置操縱桿的A320駕駛艙。樹立一路傳承到最新型A350XWB的駕駛艙技術基礎，是劃時代的創舉。

Konan Ase

737NG的駕駛艙
基本設計老舊的737，由於壓低開發費用等因素而沒有使用線傳飛控操控裝置。但是線傳飛控系統每當新型機出現時都已經變更為最新的設備，737NG系列裡採用的是777開發中得到技術製作的裝置。

性能既好，又不需要花費太多時間整備，自然能獲得備受好評的高頻率使用信賴性和高經濟性的結果。

開展數位化先河的姊妹機

波音　　　　　　　波音

767 和 757

設有數位化操控系統的客機，現在已經是理所當然的。
由於大幅度引進電腦控制，既可以更加安全，也減輕了機師的負擔。
這類高科技飛機的先驅，就是波音767和757。

Luke H.Ozawa

全方位主力中型機767，活躍在日本國內的地方線和幹線，以及短中航程的國際線上。

波音767-300ER
主要諸元

翼展	47.60m
全長	54.90m
高度	15.80m
配備發動機	奇異 CF6-80C2 普惠 PW4056
發動機推力	62,100〜63,300lb×2
最大起飛重量	186,880kg （CF6機種）
巡航速度	馬赫0.80
最大航程	11,070km （CF6機種）
標準座位數	269座（2艙等）

Konan Ase

主要757-300
主要諸元

翼展	38.06m
全長	54.43m
高度	13.56m
配備發動機	勞斯萊斯 RB211-535E4B 普惠 PW2043
發動機推力	42,600〜43,500lb×2
最大起飛重量	123,600kg
巡航速度	馬赫0.80
最大航程	6,287km （RB211機種）
標準座位數	243座（2艙等）

雖然機身直徑完全不同，但操控系統卻是共通的奇特姊妹機，就是767和757。日本國內
的航空公司沒有引進757，但部分外資航空公司用來飛日本線班機。

數位時代的先河

如果1960年代是客機的噴射革命時代，那麼1980年代就是數位革命的時代了。雖然同樣是電子儀器，但類比和數位是完全不同的。數位技術就像是「共通語」般的感覺，藉著系統的數位化，可以使用電腦進行一元化的管理。因此，過去在機師之外，一般還需要進行系統監視和操作的飛航機械員乘務的駕駛艙，80年代以後自動化進展到只需要2名機師來飛行。60年代誕生的747，也在導入了數位技術後成為了高科技的客機。

但是如波音707和727等早期的噴射客機，光是將系統改為數位化還是無法生存。這是因為早期的噴射發動機不但性能差而且噪音大，導致無法飛行主要機場的緣故。為了取代這些早期客機而新開發出來的機種，就是波音767和757。

日本也參與生產的767

767和757是在同一時期，使用相同技術（駕駛艙和機翼幾乎共通）生產的，差異處只在機身的粗細，767是名為半廣體的2走道飛機，757則是擁有和727相同機身斷面的單走道客機。

757/767系列的駕駛艙

757/767機上最為劃時代的部分，是大幅度地加入數位化的數位化駕駛艙，之後的客機上，數位化駕駛艙已成為了標準裝備。

Konan Ase

波音727

對日本國內支線的噴射化有著重大貢獻的727，757是727的後繼機種，機身設計也參考了727。

757和767的客艙

757（下）是單走道橫6座配置的窄體客機，而767（上）則是2條走道的廣體客機。767的機身比其他廣體客機略細，因此又有半廣體客機之稱。

Konan Ase

二者的接單量都約有1千架，但由於757和727的長機身型成為了競爭關係，因此於2005年結束生產，767也在規模相當的787完成之後幾乎接不到訂單。但是767獲選成為美國空軍的新型加油機KC-46，短期將持續生產。

767也是日本第一次分擔正規生產的波音客機。日本雖然計劃繼戰後第一架日本生產的客機YS-11之後再開發噴射客機，但結果是放棄開發，轉而成為波音的生產夥伴，參與767的開發和製造工作（分擔比例為15%）。這種和波音的合作關係之後也持續進行，777的分擔比例為21%，787則擴大到了33%。但是，計劃的主導權仍在波音，因此在開發YS-11時得到的設計、製造和販賣等各方面的知識，在無法有效活用之下喪失殆盡。這也是三菱航空機公司在開發下一款日本產客機MRJ之際屢遭困難的原因之一。

廠商盛衰中存活下來的著名小型機
波音
DC-9/MD-80/ MD-90/717

道格拉斯、麥克唐納道格拉斯，然後是波音——。
在反覆吸收合併的製造廠榮枯盛衰中，長期持續生產的，是早期名稱為DC-9的小型客機系列。
巧妙因應了機身尺寸的變更和系統新世代化，而且推出眾多衍生型的名機。

Konan Ase

麥克唐納道格拉斯 （現波音）MD-90 主要諸元

翼展	32.87m
全長	46.50m
高度	9.50m
配備發動機	IAE V2525-D5
發動機推力	24,910lb×2
最大起飛重量	70,760kg
巡航速度	馬赫0.76
最大航程	3,860公里
標準座位數	172座（全經濟艙）

在日本一直活躍到最近的MD-90。也飛航日本發抵的短程國際航線，是一款運用上彈性很大的機種。

Charlie FURUSHO

波音717 主要諸元

翼展	28.45m
全長	37.81m
高度	8.92m
配備發動機	勞斯萊斯 BR715-A1-30
發動機推力	18,520lb×2
最大起飛重量	49,846kg
巡航速度	馬赫0.77
最大航程	2,648公里
標準座位數	117座（全經濟艙）

最終衍生型的717。道格拉斯DC-9、麥克唐納道格拉斯MD-80/-90、波音717等，公司每次合併機種名稱就改變的罕見系列。

機身後方的登機梯門

最近幾乎已經不再使用了，但是顧慮到航廈設備不佳的地方機場而加裝上了登機梯門，也是DC-9系列的特徵之一。

Konan Ase

系列原型機DC-9

T字形尾翼和後置方式發動機令人印象深刻的DC-9型。該系列長期以來都有衍生型和新型機出現。這可以說是原型機DC-9的基本設計極佳的證據。

MD-87的客艙

DC-9的機身比737窄，經濟艙配置時夾著走道是形成橫2座+3座的奇特配列。

Konan Ase

Tokio Sato

留下空間的設計帶來了後來的發展

道格拉斯（後為麥克唐納道格拉斯，現為波音）DC-9，是開發作為短程用小型噴射客機的機種。相較於前一款DC-8是在主翼下方吊掛4具發動機的形式，DC-9是將2具發動機集中在機尾的後置方式和T字形尾翼為外觀上的特徵。後置發動機方式原是法國卡拉維爾的獨創，但DC-9的優越之處，在於預留空間的設計上。

1965年首飛的最早期機型DC-9-10型，全長為31.8公尺，標準90座的小型飛機，但因應航空公司的需求而將機身加長，到了DC-9 Super80時，已擴大為全長45.1公尺，標準172座的機型。當然，如果只加長了機身是不夠的，途中還進行了擴大主翼和更換發動機為強力而高效率的機種。看似簡單，但由於大多數客機設計上都做到沒有多餘空間，因此一旦要加長機身，或更換發動機時卻往往做不到。

DC-9就不斷地進行改款動作，同時販售的數量也不斷地上升，和競爭對手波音737，共同獲得了150座級的標準客機地位。

相同系列卻有著多樣名稱

1983年時，製造商麥克唐納道格拉斯公司，將自家公司客機的名稱，由原來「道格拉斯商用機」意味的DC，改為自己公司的字首「MD」，而當時生產的DC-9 Super 80也改名為MD-80。這個系列裡，有著外觀相同而只有發動機出力和起飛重量不同的MD-81、MD-82、MD-83、將駕駛艙改為電子式的MD-88，以及機身較短的MD-87等機型。而在1993年時將機身再度加長並更換新發動機的MD-90登場，1998年時生產了將MD-90機身縮短的MD-95。但由於麥克唐納道格拉斯被波音整併，因此MD-95便更名為波音717販售。

寫到這裡，相信除非很熟悉客機歷史，否則一定會混淆。DC-9成為了MD-80 MD-90，又成為了717。這之間還有差距更小的衍生型，外觀也有的相同有的不同，更讓人困擾的是沒有一個統一的系列名稱。

汽車在改款之後，名稱還是會承襲下去，即使內容完全不同，人氣車種還是會繼承名稱和歷史。像是日產汽車，在合併了王子汽車之後，還是將王子旗下的Skyline車系培育為自己的重要品牌。但是DC-9名稱卻沒有像這樣地受到珍惜，這一點十分地可惜。

人氣上昇中的100座以下的小型客機

龐巴迪　　　　　　　龐巴迪　　　　　　　Embraer

CRJ、Q400、170等

近年來，有個重要性逐年增加的機種領域。
客座數不滿100個，主要飛航國內線等短程航線，名為支線飛機的小型客機。
由於愈驅高性能和舒適性的提升，不論是噴射機或螺旋槳機，活躍的範圍都迅速擴大。

Konan Ase

龐巴迪CRJ700NG
主要諸元

翼展	23.20m
全長	32.51m
高度	7.57m
配備發動機	奇異 CF34-8C5
發動機推力	13,790lb×2
最大起飛重量	32,990kg
巡航速度	馬赫0.825
最大航程	2,411km
標準座位數	70座（全經濟艙）

推動小需求路線噴射化的龐巴迪CRJ系列。日本國內有IBEX航空和J-AIR航空等二家航空公司使用。

Luke H.Ozawa

Embraer170
主要諸元

翼展	26.00m
全長	29.90m
高度	9.67m
配備發動機	奇異 CF34-8E
發動機推力	14,200lb×2
最大起飛重量	35,990kg
巡航速度	馬赫0.82
最大航程	3,334km
標準座位數	78座（全經濟艙）

這不是由商務客機轉用而來，而是全新設計開發的Embraer170系列。除了性能良好之外，舒適性也大幅提升。

不輸給噴射機的高速螺旋槳機

日本的天空也有不少螺旋槳客機在飛航,看到螺旋槳就認為是舊式的,這是誤解。而認為速度慢,雖然稱不上是誤解,但絕對比多數人認為的速度要快。

像是飛行在日本天空的螺旋槳客機龐

巴迪DHC-8-400型(Q400)的巡航速度約為650公里/h,而大約相同大小的Embraer170(E170)的巡航速度約800公里/h。用這個數值單純計算東京~大阪之間距離(約500公里)的所需時間,則Q400是46分、E170是38分。雖

龐巴迪DHC-8-400
主要諸元

翼展	28.42m
全長	32.81m
高度	8.36m
配備發動機	普惠PW150A
發動機推力	4,830lb×2
最大起飛重量	29,260kg
巡航速度	667km/h
最大航程	2,522km
標準座位數	74席(全經濟艙)

Konan Ase

日本國內螺旋槳機的代表機種Q400,以高速為賣點,短程路線上花費時間和噴射機沒有太大差異。

紳寶340B
主要諸元

翼展	21.44m
全長	19.73m
高度	8.07m
配備發動機	奇異CT7-9B
發動機推力	1,870lb×2
最大起飛重量	13,155kg
巡航速度	504km/h
最大航程	1,810km
標準座位數	36席(全經濟艙)

Tokio Sato

紳寶340是36人座的小型螺旋槳客機。日本國內以九州和北海道的區域路線為主飛航。

龐巴迪C系列

在CRJ上獲致成功的龐巴迪正在進行更大型機種C系列的開發。座位數超過100座。

蘇愷超級噴射客機100

支線客機的領域裡，雖由龐巴迪（加拿大）和Embraer（巴西）領先至今，但蘇愷（俄羅斯）、COMAC（中國商用飛機公司）、三菱航空機（日本）等也陸續參入。

然的確有些差距，但比想像中要來得小不是嗎？

當然，或許還是有人主張快一點也是快，但螺旋槳客機有著比噴射客機更具有經濟性的優點。根據使用Q400營運的ANA集團資料顯示，燃料消耗量比同級噴射客機少30％～40％，二氧化碳的排放量也少。

此外，起降所需的跑道長度，一般而言也以螺旋槳機較短。譬如以最大起飛重量的起飛滑行距離，E170是1644公尺，而Q400只要1402公尺。地方線上這麼一點點的差距，往往是決定能否飛航的關鍵。而實際上，也有因為主跑道太短，而致引進新型客機計劃告吹的實際例子。

由於這些因素，日本的離島航線為主的多條航線上，現在仍有許多螺旋槳客機在飛航。只以日本國內來看，除了Q400等的Dash8（DHC-8）系列之外，

龐巴迪DHC-8-200

飛航長崎離島航線的東方空橋航空DHC-8-200型機（39人座）。Q400之外的DHC系列都已經停止生產，後續機種的選擇將是重要課題。

ATR42-600

現在仍在進行生產的50座以下螺旋槳客機，事實上也是同級機種唯一存在的ATR42。日本還未曾引進過。

Konan Ase

還有紳寶340和多尼爾Do228等機種。

舒適性較高的噴射機人氣較高

是否短程的小需求路線就一定是螺旋槳有利，這倒是不一定的。相反地，最近這類路線上的噴射機反而增加了。這個領域的先驅，是加拿大龐巴迪的CRJ。

CRJ是將大型商務機挑戰者的機身加長，再裝上新主翼後完成的50人座客機。換句話說，等於將行政用的禮車加長做成中型巴士來使用的發想方式。而這個發想獲致了極大的成功。早期引進CRJ的美國籍航空公司，3年內的營收成長了2倍，利潤成長了近4倍之多。

這種支線噴射客機雖然成本高於螺旋槳客機，但具有集客能力。如果使用噴射機和螺旋槳機同時段飛航相同路線的話，大部分乘客會選擇噴射機。這個結果不只是希望能夠儘快到達，還有一個原因是噴射機比較舒適。噴射機的機艙比螺旋槳機的振動和噪音都小，而且飛行在比螺旋槳機氣流穩定的高空，因此搖晃少而舒適性高。不論螺旋槳機的經濟性有多高，乘客不願意搭乘也沒有意義。

就這樣CRJ大為暢銷，全球賣了約有1700架，而巴西的Embraer也將自己公司的螺旋槳機開發成為噴射的ERJ，販售了約有1000架。但是ERJ客機機身細，相較於橫4座的CRJ只能裝備橫3座。因此Embraer開發出比CRJ機身更寬大的E170，整個系統也賣了超過1200架之多。

後繼機種不足的螺旋槳機

相較於高人氣的支線噴射客機，螺旋

E Jet和CRJ的客艙

Embraer170系列（E Jet／上）和龐巴迪CRJ系列（下）的客艙，都是走道置中的橫4座的座位配置。是近年支線客機上的一般性配置方式。

槳客機的販售陷入苦戰。目前，龐巴迪除了Q400之外的螺旋槳客機生產都叫停，紳寶也自螺旋槳客機市場撤退，日本使用該公司客機的航空公司和官方（航空局和海上保安廳），都為了如何選擇後繼機種而困擾不已。

以全球角度看來，空中巴士的姊妹企業ATR公司生產ATR72和ATR42等的螺旋槳客機，日本將來應該也會選擇ATR來取代機身較短的DHC-8系列和紳寶340系列。畢竟螺旋槳的機種已劇減到幾乎無從選擇的地步，因此使用ATR應該已是確定了。

再度展翅的「日本客機」

日本航空機製造　　　　　　三菱航空機

YS-11 和 MRJ

YS-11之後的下一款日製客機三菱航空機MRJ正進行開發中。
日本第一架自製客機YS-11的開發雖然成功，但推銷工作卻以失敗告終，珍貴的知識也沒有傳承下來。
日本的飛機產業期盼已久的民航客機生產事業，這次是否能夠成功？

Konan Ase

日本第一架國產客機YS-11。在販售上無法取得成功，生產商日本航空機製造因而解散，生產客機的知識也沒有傳承下去。

**日本航空機製造YS-11A-500
主要諸元**

翼展	32.00m
全長	26.30m
高度	8.98m
配備發動機	勞斯萊斯 Dart Mk542-10K
發動機推力	3,060shp×2
最大起飛重量	25,000kg
巡航速度	470km/h
最大航程	1,240km
標準座位數	64座（全經濟艙）

Mitsubishi Aircraft

YS-11之後的日本製，而且是第一款噴射客機的三菱航空機MRJ，ANA是起始客戶。開發工作積極進行中，以2017年的商業飛行為目標。

**三菱航空機MRJ90
主要諸元**

翼展	29.20m
全長	35.80m
高度	10.50m
配備發動機	普惠 PW1217
發動機推力	17,600lb×2
最大起飛重量	39,600kg
巡航速度	馬赫0.78
最大航程	1,670公里
標準座位數	92座（全經濟艙）

MRJ的客艙樣機

標準配置為橫4座的MRJ客艙。以支線客機而言既寬又有高舒適性的客艙，是此機的賣點所在。

製造中的MRJ

MRJ已經開始製造測試機。承造生產製造的，是三菱航空機的母公司三菱重工。

三菱重工製造的飛機

負責MRJ生產的三菱重工，曾有開發生產商用客機MU300（上）和支援戰鬥機F-2（下）等各種飛機的經驗。

YS的財產沒有傳承下來

YS-11是二次戰後第一架日本開發的客機。生產計劃由通商產業省（現為經濟產業省）主導，加入日本過去的飛機製造商，三菱重工和川崎重工、富士重工（原中島飛行機）等，以全國合作的體制推動的。

當時客機的噴射化已經有了相當進展，但YS-11仍定為螺旋槳（渦輪螺旋槳）的60座等級客機。當時的日本國內有許多機場跑道過短，無法起降噴射客機，而且全世界還有許多機齡很長的DC-3在飛行，設定為螺旋槳客機就是因為可以期待取代DC-3的緣故。實際上YS-11生產的182架裡，有75架是外銷的　當時這算是相當不錯的數字。

結果，YS-11計劃是以虧損作收，但這個計劃得到的知識，可說是日本客機產業的重大財產。只是，日本卻失去了活用這些知識的機會。日本後來也計劃繼YS-11之後再進行日製客機開發的計劃，結果獲選的卻是和波音公司的下包式共同事業，而不是自行開發。也因此，日本喪失了自行企劃、設計、生產、販售客機的能力。

三菱MRJ讓日本再度成為客機生產國

繼YS-11之後，日本再度出現自製客機計劃，是進入了21世紀之後。在經濟產業省的支援下，三菱開始了小型噴射客機MRJ的研究。而在2008年時，在ANA包含選擇權在內的25架訂單下，正式進入開發工作。

MRJ追求比現有客機油耗改善2成、低噪音，以及舒適的乘坐性，但是開發時程大幅延誤，當初預定是2011年首飛，而2013年要交付第1架飛機的，但現在已變更為首飛在2015年4～6月，交付延至2017年4～6月。MRJ已接到國外含選擇權在內超過300架的訂單，但如果再度延誤，則取消訂單等也可能出現。

三菱重工是日本最大的飛機製造商，過去曾經有過MU-2、MU-300等商用客機；F-2支援戰鬥機、MH2000直升機等各種飛機的開發經驗。此外，波音787則是負責主翼這重要組件的生產工作等，擁有世界一流的生產技術。MRJ的延誤，再度讓人了解下包式生產和自主式開發的重大差異所在，因此現在的痛苦經驗無比珍賞；這是日本飛機產業再生的生產之苦。

支撐著島上居民的生活

Britten-Norman
BN-2、Do228、直升機
多尼爾

日本有許多的離島路線，但大多數的離島機場設備都差，一般大小的飛機
往往無法起降。飛航這類離島路線的就是小型的螺旋槳飛機。
此外，數量很少，但也有路線使用直升機進行旅客的運輸。

Hisami Ito

Britten-Norman BN-2B
主要諸元

翼展	16.15m
全長	13.34m
高度	4.11m
配備發動機	LycomingO-540
發動機推力	300shp×2
最大起飛重量	4,241kg
巡航速度	301公里/h
最大航程	1,610公里
標準座位數	9座（全經濟艙）

就像她的暱稱一般，飛航離島路線的BN-2島嶼者。可以由機員1人飛航，副駕駛座有時會
讓乘客搭乘。

Konan Ase

多尼爾Do228-200
主要諸元

翼展	16.97m
全長	16.56m
高度	4.86m
配備發動機	TPE331-5-525D
發動機推力	776shp×2
最大起飛重量	6,400kg
巡航速度	433公里/h
最大航程	1,111公里
標準座位數	19座（全經濟艙）

日本唯一由新中央航空飛航調布～伊豆群島之間的Do-228。這類的短程客機是離島居民
非常重要的交通工具。

提供小需求離島路線使用的島嶼者

日本有眾多的離島，交通工具是船和飛機。船在一次可載運的人員和貨物的量方面都占有優勢，但有著太花時間與不適合惡劣天候等的缺點。能克服這些缺點的，就是飛機了，但由於大多數離島上的平坦地面少，無法打造足夠長度的跑道，能夠飛航的飛行就有限了。

在這種嚴苛環境下，自以前就十分活躍的機種是雙發螺旋槳客機Britten-Norman BN-2島嶼者。雖然是只需要400公尺的跑道就能起降的堅固小型客機，但是載客人數很少，只有9人，而且速度慢。但是客滿時，副駕駛座也可以作為客座使用，這一點是其他客機沒有的魅力。日本只剩下那霸飛航粟國、沖永良部、德之島路線（第一航空營運）的3架，和新潟到佐渡路線（新日本航空營運）的1架。

過去，東京調布飛行場和伊豆群島之間的路線也使用過島嶼者，但現在已由雙發渦輪螺旋槳的多尼爾（Do）228取代。Do228可搭載19人，超過島嶼者的一倍，也可以用島嶼者的約一倍速度飛行。營運的新中央航空擁有5架Do228，第4架之後就是使用數位駕駛艙的新型

離島航線用的直升機

飛行伊豆群島中沒有跑道各島的Tokyo Ai-Land Shuttle的S-76。日本國內以直升機載運旅客十分罕見。

成田交通用的直升機

飛航東京中心區到成田機場的MCAS的EC-135。過去可以1人搭乘，但現在已改為包機方式。

Do228NG，螺旋槳葉由4片增加到5片。

為數不多直升機的載運旅客服務

新中央航空由調布出發的航班，是飛航伊豆群島裡的大島和新島、神津島，以及三宅島（2014年4月起）。但是，伊豆群島裡還有其他沒有跑道，但有人居住的離島。東邦航空的Tokyo Ai-Land Shuttle以S-76C直升機飛航這些離島，但由於沒有直飛本土的服務，要搭乘就需要先到伊豆大島或三宅島、八丈島去。除了這3個島之外，也飛航利島、御藏島、青島。

雖然不是離島路線，但是日本本土內的直升機航線，還有東京中心區ARK HILLS飛航成田機場的MORI BUILDING CITY AIR SERVICES，這條航線使用的是全球罕見的愛馬仕規格的歐洲Airbus直升機公司EC-135，剛啟航時是1個人也能搭乘的共乘方式。但現在只提供包機的服務，限乘5人的單程費用很貴（當然可以1人搭乘，但費用相同），需要28萬日圓（含東京中心區到ARK HILLS的交通費）。即便如此，到成田機場約20分鐘的方便性，還是十分受到許多忙碌的公司高層人員喜愛。

Do228的客艙
走道2側各有1座，共設有19座。沒有空中服務人員。

日籍航空公司使用的客機

※2014年4月時

日本的航空公司也使用大小形形色色的客機飛航。
座位數量超過500座的飛機飛航國內線也是全球罕見的情況。
另一方面，座位數不過9座的小型螺旋槳飛機飛航離島航線等，
機種十分地多元而豐富。

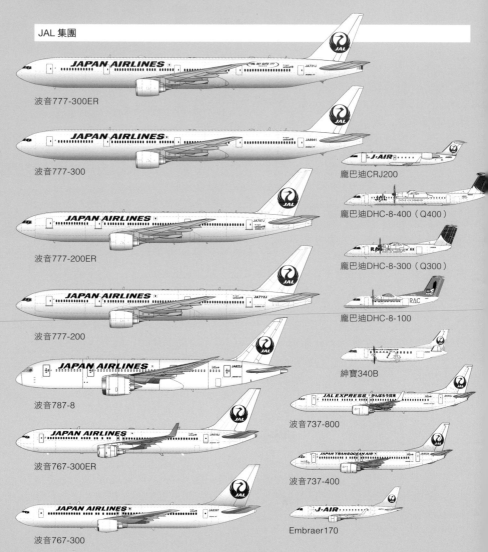

JAL 集團

波音777-300ER

波音777-300

龐巴迪CRJ200

波音777-200ER

龐巴迪DHC-8-400（Q400）

波音777-200

龐巴迪DHC-8-300（Q300）

波音787-8

龐巴迪DHC-8-100

波音767-300ER

紳寶340B

波音737-800

波音767-300

波音737-400

Embraer170

ANA集團

波音747-400D
※已於2014年3月退役

波音777-300ER

波音777-300

空中巴士320-200

波音777-200ER

空中巴士320-200（香草航空）

龐巴迪DHC-8-400（Q400）

波音777-200

龐巴迪DHC-8-300（Q300）
※已於2014年3月退役

波音787-8

ANA Business Jet
波音737-700ER

波音767-300ER

波音737-700

波音737-800

波音767-300

波音737-500

※插圖的機身尺寸比例和實際的機身尺寸比例不同

SKYMARK天馬航空　空中巴士A330-300
※2014年4月就航予定

SKYMARK天馬航空　波音737-800

Air Do　波音767-300ER

Air Do　波音767-300

Air Do　波音737-500

Air Do　波音737-700

Solaseed Air　波音737-800

Solaseed Air　波音737-400

星悅航空 空中巴士A320-200

樂桃航空 空中巴士A320-200

捷星日本航空 空日巴士A320-200

天草航空 龐巴迪DHC-8-100

IBEX航空 龐巴迪CRJ700NextGen

東方空橋航空 龐巴迪DHC-8-200

IBEX航空 龐巴迪CRJ100

北海道航空系統 紳寶340B

IBEX航空 龐巴迪CRJ200

新中央航空 多尼爾228-200

富士夢幻航空 Embraer170

第一航空
Britten-Norman BN-2B島嶼者

富士夢幻航空 Embraer175

新日本航空
Britten-Norman BN-2B島嶼者

※插圖的機身尺寸比例和實際的機身尺寸比例不同

機首貨艙門

現代最具代表性的全貨機波音
747-8F。由於駕駛艙的位置
高，可以在機首加裝貨艙門。

主貨艙

波音747-8F的機內並沒有一般客機
的座椅等的乘客用設備，地板上卻
是滾軸和固定系統。另外，也有地
板下貨艙，和一般客機相同。

Konan Ase

飛 機 的 功 能 不 只 有 載 運 旅 客

貨物專用飛機

高度成長期時劇增的航空貨物

　　在機場應該看過和客機外觀相同，卻
沒有窗戶的飛機吧，這就是貨物專用飛
機。如果客機是巴士，那把貨機想像成
卡車就對了。

使用飛機來載貨的優點，在於速度。船
隻橫越太平洋需要花上很多天，但飛機
只需要10小時左右即可到達。國外的新
鮮水果能夠擺上超市的貨架，就是因為
有飛機才能做到。但是，飛機無法搭載
像船那麼多的貨物，運送成本也高。因
此，要以飛機載運的貨品，大都是小型
輕量，而且價值高到值得用飛機載運
的。最具代表性的是信件，運送郵件從
以前就是飛機的重要任務，也是航空公
司的核心收益之一。

　　日本從60年代的高度經濟成長期時開
始，航空貨物量就急劇增加。電晶體收
音機、彩色電視機、電腦和電動玩具等
日本擅長領域的產品，就是最適合作為

航空貨物運送的。此外，航空公司在過
去通常會使用沒有競爭力的飛機，改造
成為貨機使用，但現在已是將高價的噴
射機一開始就生產成為貨機使用了。也
有像是日本貨物航空公司（NCA）般，
專門運送貨物的航空公司了。

　　這種貨物專用機的代表是波音747，
除了機身很大可以載運大量的貨物之
外，還有就是一開始就設定為貨機使用
的良好使用彈性。

　　747開發當時，波音公司認為未來客
機的主角會是超音速飛機，因此次音速
的747只有作為貨機使用才有生存的機
會。駕駛艙設在上層的獨特設計，也是
為了在機頭容易開設貨艙門的緣故。而
貨艙門在機身側面也有，機內的座位、
廁所、廚房，甚至窗子和緊急出口等乘
客用的設備完全拆除，取而代之的是在
地板裝設便於貨物移動的滾輪和固定貨
物的配件等。

客機的艙等與服務

艙等內設置的座位和機內服務，是各航空公司投注最多心力的領域。

近年來，尤其是長程國際線用的頭等艙和商務艙的進化顯著，包廂空間等的豪華座位也不再罕見。

不遜於餐廳的機內餐，像家中電視機般的大型螢幕，電子遊戲和電影等多彩的節目等，硬體、軟體兩面都展開了激烈的競爭，空中的旅程也因此更加舒適愉悅。

Motoyoshi Ohmura

Charlie FURUSHO　Charlie FURUSHO

有門的包廂相連的阿聯酋航空A380頭等艙。座位上木紋飾的內裝，是以高級飯店的形象打造出來的。

座位配列為1-2-1，中央的2座，可以藉由大型隔板隔成單人包廂或雙人包廂。各包廂都配置了23吋的個人用螢幕。

阿聯酋航空 空中巴士A380「頭等艙」

Charlie FURUSHO　Charlie FURUSHO

包廂式座位，可以成為書房，也可以是寢室、客廳，甚至是電影院。側邊桌還設有小冰箱，內有各種飲料。

入睡時乘員會先鋪好床，可以在完全保有隱私的平躺天空臥床上好好休息。時尚的燈光也是阿聯酋頭等艙特有的。

現代的空中之旅　由單純的移動空間轉為休憩的時間

愈來愈舒適的客機艙等

過去前往外國的交通工具是船的時代，有著豪華內裝，備有像是飯店般設施的大型客輪航行在世界的海洋。而現在，備有如同過去豪華客輪上使用設備的新世代客機，飛行在世界的天空。我們就先來欣賞一下最新的客機艙等是什麼樣子。

可以保有隱私的頭等艙和商務艙等的高級艙等，在這些艙裡，可以手持葡萄酒，在可以調整到自己喜歡姿勢的電動座椅上休憩，使用大型的個人用螢幕和高級耳機享受最火熱的電影和音樂節目，同時度過美好的

新加坡航空的A380「豪華套房」也是有門的包廂艙等。這個包廂特色是優雅沉穩的內裝。窗子的窗簾也可以開關。

設有獨立臥床也是星航「豪華套房」的重點。想睡時，星航的服務人員就會將床鋪好。

新加坡航空 A380「豪華套房」

1樓最前方的艙等裡，設有12座的「豪華套房」。走過走道時，簡直像是飯店客房般的感覺。

位於艙等中央後方的2座並排的包廂艙等，可以像這樣做成雙人床的形態。這是民航機裡獨一無二的特殊設計。

機上時間。腰和背部如果酸痛，還可以使用座位內藏的按摩功能來放鬆。部分航空公司的頭等艙還設有包廂艙門，新加坡航空的空中巴士A380的「豪華套房」（因為是超過頭等艙的艙等而得名）裡，中央列的2個並排座位可以連在一起成為雙人房。

覺得睏倦想睡時，只需要求艙等組員鋪床即可。阿聯酋航空的頭等艙裡，有著膨鬆的羽毛被和羽毛枕等，組員會將

舒適的天空臥床鋪好。干邑白蘭地等為睡前酒，平躺在床上時，天花板上出現了滿天的星斗，因為LED燈改變了機內燈光的刻板印象。按開「Do Not Disturb（請勿打擾）」燈號，把自己交給規律的振動後，沒多久就進入了夢鄉。

在天空臥床上醒過來時，如果是阿聯酋的A380，可以先淋個熱水浴清醒一下。心情清爽地回到座位上時，各個單點菜單上的自選菜色，就一道一道地送

水療沐浴間裡設有專任的空服員，旅客利用之後就會徹底地進行清潔工作，用品類也會重新擺好；用品中也有寶格麗的淡香水。

阿聯酋航空「水療沐浴間」

阿聯酋航空著名的A380「水療沐浴間」，是頭等艙旅客才能使用的特殊空間。牆面上是杜拜的摩天大樓。淋浴間在後方。

「水療沐浴間」在上層艙等前方設有二處，每位乘客可以使用30分鐘。由於在飛機上，熱水提供的時間是5分鐘，但一般而言都夠用了。

大部分引進全雙層艙等A380的航空公司，都減少座位數來引進各種設備，以實現更為舒適的空中之旅。最具代表性的，就是阿聯酋航空在該機頭等艙引進民航機首見的附淋浴間大型化妝室「水療沐浴間」。豪華的內裝讓人沒有在飛機上的感覺，牆面上畫著大大的杜拜摩天大樓圖畫，大型的水槽和換衣服用的休憩區，在對面的牆上還掛著液晶螢幕。

德國漢莎航空的A380頭等艙裡設置的化妝室也是大型的，比一般飛機內的化妝室大了5倍。另設男性便器，也是重視功能性的德國航空公司特有的發想。另外還設有睡衣的更衣區，室內裝飾著紅色的玫瑰。

在A380機上設置高級艙等的專用道地酒吧和休憩廳的，則有阿聯酋航空和大韓航空。二者都在上層的商務艙後方設有寬敞的休憩區，酒吧櫃台則有空服員調製原創的各式飲料。

泰國航空A380上層的頭等艙前方設有休憩區，拉出收納式的大型餐桌後，就可以一變而成為夫妻或家人一起用餐的機內餐廳。如果頭等艙的單人座位比喻成飯店客房，那麼這個部分就是飯店內的餐廳般的感覺。此外，大韓航空還在

上桌來。餐後的咖啡，是使用機上的專用咖啡機做出的香味高雅濃縮咖啡。用完餐後，使用無線網路，用自備的電腦確認郵件；新聞也可以即時確認。笑容甜美的服務人員還會問你「咖啡需要續杯嗎？」充實的時間流逝而去，這真的是"飛在天空的飯店"。

將機內變為「居住空間」
全雙層艙等的空中巴士A380

像這種備有最新服務的客機還屬少數，但客機的艙等卻有著極大的進步。尤其在2005年之後的進化更是可觀。讓這些夢幻似的空中之旅實現的代表性機種，是空中巴士公司的超大型機A380。

Boeing

UNITED AIRLINES

送進取出方便的大容量收納

天花板的行李廂也改大尺寸。帶上飛機的登機箱可以輕鬆直列排放。扣環也下了功夫，更容易送進取出。

波音天空內裝

波音引進到最新737系列的「波音天空內裝」。特色之一是使用LED燈作為光源，提供艙等明亮而開放的形象。

波音787的大型窗

全球都陸續引進的新世代中型客機787系列，賣點之一是大型的窗子。使用窗子下方按鍵，就可以調整顏色濃淡的電子式窗簾也是新機制。

Aeromexico

Boeing

天花板挑高的入口

巨無霸客機747最新版本747-8的入口處示意圖。挑高天花板和配合機內感覺的LED燈光，營造出新時代空中之旅的形象。

A380機內設有免稅品展示櫃（參考68～71頁）等，雖然只是服務性質，但航空公司做了多種設計，確保所有乘客都能快樂地度過飛機內的時間。

追求舒適性&功能性的787在機內實現更接近地面的環境

　波音公司的最新型中型客機787的艙等也滿是創意工夫。高高的天花板和開放式的入口區、大型窗戶、有溫水免治便座的化妝室（ANA等部分飛機）、放入取出方便而容納量大的頭頂置物箱、視時段和情況而改變的多樣化機內燈光等等，新世代客機特有的設計隨處可見，煩人的發動機噪音也幾乎不復存

在。再加上787因為強化了機身的結構，可以將機內的氣壓和濕度設定為更接近地表環境的程度，降低對身心的壓力也是極大的魅力之一。順便提一下，波音將這種787的新世代內裝導入小型的737系列，名為「波音天空內裝」規格。

　這類新世代飛機的登場，讓新產品的開發加速，讓客機的艙等持續地進化往下一個階段。在服務方面也配合著旅客的需求進行細分化；長程航線上，經濟艙的上位艙等豪華經濟艙也有逐漸成為標準的趨勢。接著向大家介紹各個不同領域的最新艙等。

大韓航空「頭等艙」
A380是設在下層的最前方。座椅稱為
「Kosmo Suties」，當然是可以放平
成床的大型座位。還設有頭等艙專用
的酒吧。

頭等艙 作為居住空間的座位

隱私的 "空中住宅"

　　世界的代表性大型航空公司，主要為洲際長程航線大型客機規劃的頭等艙。日本出發抵達的國際線客機，幾乎都是設在全雙層艙等的空中巴士A380或是波音777系列裡。A380客機裡，既有像是法國航空一般設在下層的，也有像泰國航空般設在上層的。但不論是何者，座位數最多就是十幾座。3艙等制的標準座位數超過500座的A380裡，頭等艙一樣是非常特別的；777則通常不到10個座位。

　　頭等艙座位空間很大，以777系列為例時，經濟艙的座位配置是3-3-3（橫9座）或是3-4-3（橫10座），但頭等艙大都只有1-2-1（或1-1-1-1）的橫4座；還有像國泰航空般的1-1-1橫3座的。當然座位不只是橫向，一般的頭等艙座位間

隔，張開為床時大都是全長2公尺左右；和座位間隔通常是31～32英寸（約79～81公分）經濟艙相比就是天地之差。

設有艙門的艙等也出現
寢具也十分講究誘人入眠

　　專屬感覺極高也是頭等艙的特徵。座位以沒有隣座的單人座椅為基本，隔間方式則可以提高包廂感覺。也有像新加坡航空的A380般，設有雙開式門，幾乎成為了完整隔絕包廂的航空公司。

　　就寢時，將座位的靠背放下就成為水平的臥床。寬度也足夠，可以輕鬆地翻身。各公司都在睡眠環境上投注心力，已有更多公司備有和著名寢具公司合作開發的床墊和枕頭等。雖然近年來長程航線的商務艙也有平躺式座椅，但和頭

arlie FURUSHO   Konan Ase

泰國航空「皇家頭等艙」

A380的頭等艙，前後間隔208公分、寬69公分的大型座椅，配上個人專用的23吋螢幕。廁所也很寬敞，另設有專用的酒吧休憩廳。

法國航空「La Première」

在巨大的A380裡只有9個座位的頭等艙「La Première」。待在有法國風格的高雅設計座位裡，享受頂級的服務。

等艙相較之下，座位寬度窄，而且平躺時腳部大都需要伸進前方座位下方，腳部沒有伸展的空間。

個人用螢幕以23吋的為主流，但也有像韓亞航空般使用32吋螢幕的航空公司。電源插座和USB埠等的商務環境充實是必然的，可以收納小型登機箱和外套的專用空間也逐漸成為標準配備。最新的頭等艙簡直就是"天空飛的飯店"。

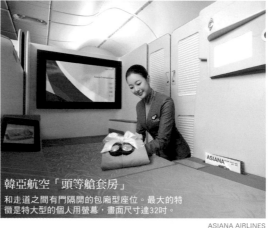

韓亞航空「頭等艙套房」

和走道之間有門隔開的包廂型座位。最大的特徵是特大型的個人用螢幕，畫面尺寸達32吋。

ASIANA AIRLINES

國泰航空「頭等艙」

開設在該公司最新波音777-300ER機內的頭等艙，使用的是真皮的座椅。展現出柔軟和奢華的氛圍。

JAL「頭等艙」

設在部分波音777-300ER機內的最新「NEW JAL SUITE」座椅。座椅除了寬為舒適之外，JAL風格的親切接待也極著名。

y Pacific Airways   Hiroyuki Kashiwa

維珍航空
「Upper Class」
全球首度將商務艙以人字形方式配置的維珍航空。背對窗戶的發想新穎，讓人預感到商務艙的新時代。

商務艙

多種樣式的座位配置

長程航線裡
平躺化已成標準設備

日本出發抵達的短程到中長程航線，幾乎所有的航班都設有商務艙。其中尤其是大型航空公司更將之定位為服務品質的象徵，而在服務上傾注心力的，則是長程航線的商務艙。

長程航線的商務艙在1990年代之後，加大座位間距和座位舒適化和多功能化的步伐就愈來愈快。進入2000年代之後，各家公司的競爭除了舒適之外，還多了如何提高隱私性的一項。服務競爭

的導火線，是維珍航空在2004年引進的新座椅。人字形的劃時代座位配置，讓商務艙做到了半包廂的感覺。而在隔間包覆下的個人空間裡，使用了平躺規格的真皮座椅。所有的座位都可以直接出到走道，也是重要的賣點之一。這之後，各大航空公司紛紛盡全力開發可以有效利用空間，又不必減少座位數（也就是不會損及收益），和維珍同等或超越的產品。結果，現在不同的航空公司

和機種，就有許多不同的座位配置方式出現。

商務艙的最新趨勢

以時間序列的角度來看看，維珍導入的人字形配置，可以保持前後座的隱私性，但也有夾著走道時略有面對面的感覺，會在意到走道對面乘客的視線；而夫妻二人出遊時則很難相互交談，靠窗的乘客也無法欣賞到窗外的景色等缺點存在。而改善

Virgin Atlantic Airways

掉這些缺點的，就是交錯型。前後座位各差距半個座位下交錯排列，提高隱私性之外，還可以提供廣泛功能性的個人空間。多數場合，將中央的2個座位並排配置，提供2人出遊乘客的需求；而靠窗的座位也可以如一般座位觀賞到窗外景物。

和交錯型同為最新商務艙標準排列方式的，是倒人字形的配置。777系列以1-2-1的橫4座為基本，這一點和人字形配置相同，但靠窗座位略為朝窗設置，中央的2座相反地略向內設置。靠窗的是完全的單人規格，窗外的景色也可以充分觀賞。中央的2座適合雙人的旅行，但用隔間就可以保有近單人座的隱私。

此外，全球首度在商務艙引進平躺式座椅的英國航空，則是將朝前和朝後方

的座位相互配置。777系列雖然是2-4-2的橫8列配置，但由於隔間的設計等，仍然可以提供高隱私性而舒適的居住性。聯合航空也是朝前和朝後的座位相互配置，在幾乎不減少座位下，實現了平躺座椅的引進。

新加坡航空則在承襲原有朝前的座位形式下，做到了平躺式的座位，並自2006年冬季時刻開始引進。該公司在777等的大型機種裡，引進1-2-1（用隔板則是1-1-1-1）的橫4座配置。這個產品的導入，也是商務艙競爭激烈的原因之一。

但是，即使在長程航線裡，仍有部分航空公司和機種不是平躺規格，而是使用以略為傾斜的姿勢讓身體平伸的斜背式座椅機種飛航。此外，短程航線則以原有可調式座椅為主流。

持續進化的座位旁設備

新的商務艙裡，座位旁設備有種種的功能。除了大型而具有高解析度的個人用螢幕之外，可以進行各種電子器材充電等的萬國型（不需要變壓器）電源插座，行動電話等可以充電的USB埠、iPod連接座等都是標準裝備；而座位上的筆電收納空間也成為了標準配備。可以放置眼鏡或書籍的空間，可以放鞋子的空間等也都是標準設備；部分航空公司在座位旁還設有內置軟性飲料的小冰箱。和頭等艙相同地，如何在狹窄的機內做到和家中相同，可以放鬆又可以度過符合需求的時間等，都是最新商務艙的課題。

**紐西蘭航空
「豪華商務艙」**

在維珍航空之後推出這種形態商務艙的是紐西蘭航空，2014年該公司飛航的全球第1架787-9機中也推出這種艙等。

**達美航空
「飛凡商務艙」**

達美航空在777-200LR等部分飛機上配置這種形式的商務艙。靠窗的座位一樣不容易看到景色是這種配置的共通缺點，但可以享受到包廂感覺。

加拿大航空的「商務艙」

加拿大航空是早期導入人字形配置的航空公司之一，而最新的商務艙則換成了倒人字形的配置。

**維珍航空
空中巴士A340-600型座位配置圖**

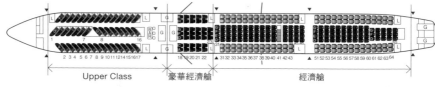

Upper Class   豪華經濟艙   經濟艙

夾著走道斜向對看的半包廂規格
人字形平躺座椅

　　備有可以放平成為臥床的座椅、可以直接進出走道的半包廂規格的寬敞空間，現在已經成為長程航線商務艙的標準配備。帶領這個潮流的，是維珍航空在2004年引進日本航線的人字形配置商務艙（50頁的圖片Upper Class）。人字形（Herringbone）指的是魚骨；在走道兩邊略呈對面的座椅配置方式很像魚骨頭，因此有了這個名稱。

　　商務艙平躺式座椅是由英國航空首度引進業內的，但座位配置上波音747-400和777系列為2-4-2，因此雖然在隔間下了功夫，但包廂感覺並不高。相較於此，人字形配置除了所有座位都面對走道之外，最大特徵就是以較高的隔板做出了半包廂的空間。將座椅向前倒以做出臥床的方式也屬嶄新。繼維珍之後，紐西蘭航空、加拿大航空、國泰航空、達美航空等也使用了相同的產品（換成臥床的方式各家公司有異）。

　　只是，夫妻二人搭乘時不容易對話，以及（雖處在走道兩邊）略有對看的感覺；再加上窗邊的座位也因為背窗而坐的緣故，因此看不到外面景色等都是這種方式的缺點。因此，加拿大航空和國泰航空等更換規格的航空公司也多。

Garuda Indonesia

ETIHAD AIRWAYS

ANA

印尼航空
「行政客艙」

印尼航空在最新777-300ER機上的行政客艙（商務艙），引進了交錯式的配置方式，飛航成田～雅加達航線。

阿提哈德航空
「珍珠商務客艙」

以中東阿布達比為根據地的阿提哈德航空最新的商務艙。高雅的設計和寬敞的空間，像是頭等艙的座位一般。

ANA「商務艙」

777-300ER新規格客機的商務艙。中央的雙座部分全部改為單人規格，將商務艙特化為商務客需求，是該公司的特色之一。

ANA
波音787-8型座位配置圖

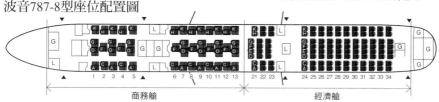

商務艙　　　　　　　　經濟艙

高隱私性和寬敞的並存
交錯型平躺式座椅

　　最新的商務艙之一，是交錯配置意思的交錯式（staggered）。正如其名，是將前後的座位各錯開半個座位空間的配置方式。這種設計提高了隱私性，同時提供寬敞而具功能性的個人空間。空中巴士A380和波音777系列等的大型客機以1-2-1為基本。靠窗的是單人規格座位，很受到一個人出差的商務客喜愛。但是，同樣是靠窗座位，但每一行都有靠窗近的座位，和雖然也算是靠窗但卻是較靠近走道的座位。由於座椅的設計是讓腳伸到前方座位下方，才會成為這種交錯的配置方式。

　　中央的2個座位部分，都是和走道有距離的單人規格，和合併在內側（雙人

規格）的座位列相互交錯的配置方式。內側的雙人規格座位很受到夫妻等雙人出遊旅客的歡迎。另一方面，ANA則很重視一個人出差的商務客需求，將中央的2個座位全部改為單人規格。此外，JAL長程航線的777-300ER新規格機上採用2-3-2配置，卻能藉著全新配置，做到頭到腳部的寬敞個人空間和高隱私性兼顧，而且所有座位都可以直接進出走道。

　　此外，中控台（和隣座之間的大型間隔台）裡還備有電腦和智慧型手機的收納空間，其中部分規格還設有放置軟性飲料用的小冰箱，座位周圍的高功能性也是特徵之一。

國泰航空「商務艙」

國泰航空也引進這種型式的座位到長程航線，靠窗的座位設計成略為朝向窗戶，隱私性更高。

達美航空「飛凡商務艙」

達美航空也使用在747-400等部分長程航線飛機上，該公司的長程航線裡也有用人字形配置的，但最新的都是這種倒人字形配置。

美國航空「商務艙」

777-300ER機上配置的全新商務艙（日本線未提供）。由原來的2-3-2座位配置改為和頭等艙相同的1-2-1配置。

**國泰航空
波音777-300ER座位配置圖**

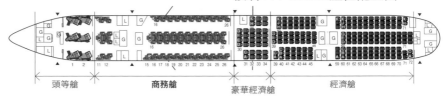

頭等艙   **商務艙**   豪華經濟艙   經濟艙

因應多樣化需求的最新形式
倒人字形平躺式座椅

　　和交錯式並列為最新商務艙配置代表的，是可稱為倒人字形的配置方式。是和52頁解說的維珍航空等人字形配置相反的方式，波音747-400和777系統通常是以1-2-1來配置。

　　人字形是走道兩旁的座位略呈面對面的配置，而這個倒人字形則是走道兩旁的座位略呈背對背的設計。靠窗的座位稍微面窗、中央的2座則是像「八」字般略為面向內側排列；靠窗的座位是單人規格，而稍微面向窗子則隱私性更高。此外，中央的2座，除了可以因應夫妻或朋友等2人搭乘的需求之外，只要活用中控台和大型的可動式隔板，則可以併排入座而且可以保有隱私性。部分座椅規格可以前後移動，再以隔板調整和隣座的距離。而且相較於被隔板圍住的交錯式，既有開放感又可以保持包廂氛圍這一點，是倒人字形的特色。

　　當然，座椅在巡航時可以調整到180度的平躺臥床，臥床大約長度都在2公尺上下，像是國泰航空的同款座椅的全長有208公分。座椅周圍有萬國型電源插座和可以提供行動電話等充電的USB埠等商務用品，以及筆電和身旁小物都可以放進去的各種收納空間、大型而好用的餐桌等都是標準配備。

聯合航空「聯合商務艙」

聯合航空的長程航線的商務艙分為2個形式，這種是原來大陸航空的飛機，座椅一律朝前排列。

德國漢莎航空「商務艙」

德國漢莎航空從747-8開始引進全新商務艙。下層客艙的是2-2-2、上層客艙則是2-2的座位配置。是稍微有些面對面感覺的配置。

新加坡航空「商務艙」

長程航線用的商務艙。最令人驚訝的，是和頭等艙極為類似，1-2-1的奢華排列方式。座椅的寬度也值得注意。

新加坡航空 波音777-300ER座位配置圖

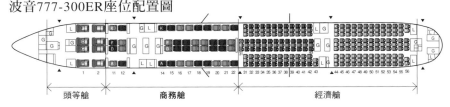

頭等艙　　　商務艙　　　　　經濟艙

「全部向前」也做到了平躺式臥床
朝前的平躺式座椅

在各種創意工夫的配置方式紛紛出籠之際，維持原有朝前方，卻做到平躺臥床的就是這種形式。最具代表性的，是新加坡航空的長程航線用商務艙，日本航線的空中巴士A380也使用這種配置。該公司從2006年的冬季時刻開始採用這種方式，當初原定使用在全世界首度商業飛行的A380商務艙裡，但由於A380的進程延誤，因此先引進到777-300ER裡。

雖然人字形配置已經登場，但長程航線用的777等大型客機的商務艙，當時仍然以2-3-2的座位配置為主流；新加坡航空的大型客機則是2-2-2或2-3-2的配置。也就是由橫7座或橫6座，改為和頭等艙相同的橫4座。這個巨大的轉變，使得

777-300ER的商務艙座位寬度達到驚人的86公分，甚至可以讓2個大人並排坐下。由於改為橫4座，所有座位都可以直接進出走道也是重大的進化。

只是，雖然同樣是橫4座，但相較於頭等艙連腳部都十分寬闊的臥床，該公司商務艙的設計是讓腳部伸進前方座椅的斜下方，因此放平之後的腳部略窄。該公司的臥床是拉出式的，將靠背前倒，背面成為了180度的平面臥床。

此外，土耳其航空和德國漢莎航空、澳洲航空等的新商務艙，雖然座位配置和座椅規格和新加坡航空的不同，但都是朝前的，巡航時也都可以改為平面的臥床。

英國航空
「Club World」

英國航空是商務艙平躺式座椅的先驅。朝
前和朝後座位的獨特組合方式是特徵。

和隣座之間
以隱私隔板區隔

777系列的座位配置為2-4-2，
中央朝後的座位最適合情侶的旅
行。和隔壁座椅之間設有特別的
隱私隔板。

聯合航空
「商務頭等艙」

聯合航空長程航線的部分機種採
用了這種形式的配置。747-400
和777-200ER則是2-4-2的座位配
置。

英國航空
波音777-300ER 座位配置圖

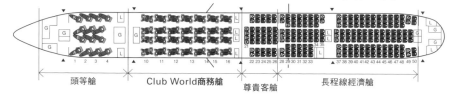

頭等艙　　Club World商務艙　　尊貴客艙　　長程線經濟艙

商務艙首見的平躺式
朝前和朝後的混合型

　　現在長程航線裡已經很常見的平躺式座椅，全球最早引進的是英國航空。時間是在2002年。

　　座椅的肩幅部分需要做到最寬，而腳部即使稍窄也不會對舒適度有太大影響。英航因此將緊鄰的二個座位以一個向前一個向後的方式組合，讓座位不減少太多的情況下，開發出可以180度平躺姿勢休息的座椅。2007年時又引進了可調式機制「Z形姿勢（Z position）」，全新設計的座位機種投入了日本航線。「Z形姿勢」是將NASA（美國航太總署）發現、在無重力空間裡人類身體自然出現的姿勢以座椅呈現出來，據說具

有減輕壓力的效果。而新的服務裡，將臥床形態時的座椅寬度加到最大64公分，將扶手降到和座面高度的新設計，實現了更寬闊的個人空間。再加上和隣座之間的隱私隔板上，引進了業界首見可以按照視線角度來調整透明度的玻璃膠片，因此而更提升了隱私性。座位配置為2-4-2（波音747-400及777系列）。

　　聯合航空在長程航線的747-400和部分777-200ER機上使用的平躺式座椅，也是朝前和朝後的混合配置。在客艙裡背靠背交錯排列成朝前和朝後的座位，座位配置也是2-4-2（747-400、777-200ER）。

特徵是貝殼型設計&多功能
半平躺式座椅

在商務艙座椅進化的過程裡，先是可調式座椅的角度加大，下一個階段出現的就是半平躺式的座椅。通常，座椅是可以電動操作的，要睡覺時以稍斜的角度讓身體可以伸直休息。德國漢莎航空在2004年引進的「PrivateBed」也是其中之一。最大調整角度是168度，以接近水平的角度，可以讓身體伸直入眠。只是，在睡眠時有時候身體會滑向腳部等，在睡眠舒適度上不如水平姿勢的平躺式座椅。另外，由於半躺式座椅幾乎都是貝殼型的設計，不會有前座後倒的壓力。由於還是較新型的座椅，因此電源插座和個人閱讀燈、隱私隔板等功能都是標準配備。

JAL

JAL「商務艙」
JAL在部分中長程航線飛機裡引進的「JAL SHELL FLAT NEO」。座椅的表布做過特別處理，防止睡眠中身體下滑。

馬來西亞航空「商務艙」
Malaysia Airlines

馬來西亞航空在早期就引進了這種形態的座椅，一眼就可看出傾斜椅面是全平的。

中短程航線的主流
一般的可調式座椅

長程航線裡平躺式座椅已經成為主流，而中短程航線裡則仍以一般的可調式座椅居多。比起經濟艙，當然座椅寬大且可調的角度也大，但睡眠時的感覺就是坐在"椅子"上睡覺的感覺。不過，在有二條走道的廣體客機裡，也有不少較有穩私性的貝殼型設計，調整角度也大到和一般型的半躺式座椅接近。也有採用新的可調方式以提高舒適性的情況，像是ANA在東南亞等航線上導入的「ANA BUSINESS CRADLE」就是最好的例子。但是，飛航東亞航線的單走道窄體客機的商務艙，則多是間距短，可調角度低，而且座位周圍功能有限的座位。

ANA

ANA「商務艙」
ANA主要在東南亞等中程航線裡使用的「ANA BUSINESS CRADLE」，設計上是讓身體置於搖籃（CRADLE）的舒適感覺。

越南航空「商務艙」

越南航空的商務艙，就是最標準的貝殼型可調式座椅的代表作。備有腿靠和腳靠、個人閱讀燈、電源插座等。

Vietnam Airlines

AIR FRANCE

法國航空「尊尚經濟艙 Premium Voyageur」
法國航空的豪華經濟艙。777系列是2-4-2、A380則是上層客艙2-3-2的座位配置。貝殼型的座位有著商務艙般的高級感。

豪華經濟艙　日本～歐洲航線等是標準配置

獨立的客艙加上寬大的座椅

豪華經濟艙和經濟艙的不同，首先就在座位。豪華經濟艙不論在前後間隔或是座位寬度，都比經濟艙多了約20％。像是經濟艙的座位的標準間距是31～32吋（約79～81公分），而豪華經濟艙的標準則約是38吋（約97公分），這個差距在長途飛行時有很大的影響。還有

JAL的波音777-300ER的新規格機種中有42吋（約107公分）、土耳其航空的777-300ER則有約116公分等，和經濟艙的區隔愈來愈明顯。

由於座位寬度大，所以豪華經濟艙的座位配置也很寬鬆。相較777系列的經濟艙標準為橫9座（3-3-3）或橫10座

58

hichi Kokubo   ANA

JAL「豪華經濟艙」

JAL在長程航線的777-300ER新規格機中陸續引進的「SKY PREMIUM」。座位間距約42吋（約107公分）比業界標準多了約10公分。

ANA「豪華經濟艙」

787-8和777-300ER新規格機中都設置的豪華經濟艙新座椅。配備了腿靠和腳靠、個人閱讀燈等。

an Ase   BRITISH AIRWAYS

維珍航空「豪華經濟艙」

豪華經濟艙的先驅維珍航空。座椅是真皮製，寬度是業界最寬的約53公分。

英國航空「尊貴客艙World Traveler Plus」

英國航空的豪華經濟艙在2011年重新裝修，足部更寬而且調整的角度也更深。

（3-4-3），豪華經濟艙的標準是橫8座（2-4-2），而土耳其航空的豪華經濟艙為橫7座（2-3-2），紐西蘭航空也有2-2-2的橫6座規格（未飛日本線）。此外，空中巴士A330系列或超大型的A380上層客艙裡，經濟艙的標準是2-4-2，而豪華經濟艙的標準則是2-3-2。可調的角度也比經濟艙深，各座位也大都設有腿靠等設備。

獨立客艙有著沉穩的氛圍

設為獨立客艙也是優點之一。相較於"大通鋪"規格經濟艙，具有安靜而沉穩的氛圍，很受到商務人士的喜愛，而在飛機內部工作的環境也很齊全。一般而言，客座位上都設有電源插座和USB埠、影像輸入端子，再加上可以擺12吋筆電的大型餐桌等。

國泰航空「豪華經濟艙」

國泰航空的羽田、成田～香港線也設有豪華經濟艙（部分班次除外）。大型餐桌可以用餐，也便於放置筆電工作。

紐西蘭航空「豪華經濟艙」

紐西蘭航空777-300ER的豪華經濟艙以嶄新的設計聞名（未飛航日本線）。也開始在2014年11月飛航日本的787-9機上設置。

義大利航空「CLASSICAPLUS」

義大利航空飛日本的所有飛機都設有豪華經濟艙，各座位都設有電源插座、USB埠、iPod接頭等。

　　此外，美國的航空公司會以和經濟艙座椅大致相同的規格，打造間距更寬的座椅，提供給累積里程多的會員和使用一般票價的乘客免費使用（視會員等級和票價的種類可能會收費）。這類座位有時會標成豪華經濟艙，但座椅本身規格就不同，應該是和票價種類不同的一般豪華經濟艙不同的座位。

把雙人座中間的部分抬高後就可以成為餐桌使用，可以像此圖般情侶二人對座享用美食和喝茶等

紐西蘭航空「經濟艙」
紐西蘭航空在部分777-300ER經濟艙靠窗座位設置的「Skycouch經濟艙」，將3人座改為2人用的特別空間。

經濟艙　　　即使每個人的寬度 "維持現狀"

座椅和周邊器材卻
大幅地進化中

高級艙等的座位愈來愈升級當中，座位的前後間隔和座位寬度沒有大變化的就是經濟艙了。座位間隔標準約是31～32吋（約79～81公分），腳部一樣狹窄；再加上座位的配置方面，長程航線的主力機種之一的波音777系列裡，甚至從過往的橫9列配置改為 "高密度化" 橫10列的現象益加普遍。

只是，這段過程中經濟艙也有了幾個轉變。其中之一是，座位的舒適性和周邊功能的進化。座位的舒適化裡，有許多都是用了人體工學研究的成果，採用貼身而不容易疲倦設計的座位。可以上下左右移動的頭靠，以及部分飛機還使用了腿靠（設在前方座位下方）。

經濟艙平躺座椅

紐西蘭航空的「Skycouch經濟艙」，是將座位下方的部分拉高，做成圖中水平的形狀。是在經濟艙裡也可以水平姿勢休息的嶄新設計。

　　中長程航線用的飛機裡，有使用背靠貝殼型座椅的先例。一般的座位都是向後方調整的，而背靠貝殼型的座位背面是固定的，要調整時只能向前方移動來改變姿勢。由於前方的座位不會倒向後方，個人的空間得以確保而壓力也會較低。只是，個子高的人由於座面向前移動，在休息時會感到腳部較窄，使用的航空公司不多。

　　備受矚目的，是JAL將依序使用在777-300ER和767-300ER等新規格客機上的新座椅「SKY WIDER」。加大座位間距，也對座椅設計加強，座位間隔較原來最大約擴大了10公分；這個潮流是否會影響到其他公司備受矚目。

　　更具有獨創性的，是紐西蘭航空引進的「Skycouch經濟艙」（自2014年11月引進到最新型的787-9飛航日本航線）。可以使用靠窗的3座，設定為親子和情侶可以2人使用的平躺式座椅。中華航空也預定引進這種座椅。

　　座椅周遭的功能逐漸大幅改善，也是最近經濟艙的特徵。長程航線裡可以隨點隨看的個人用螢幕和電源插座等都已成為標準配備，外套掛勾和座位前袋的幾個收納空間等，狹窄空間裡能夠更舒適的努力隨處可見。

JAL

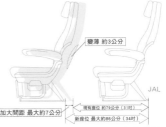

變薄 約3公分

JAL

加大間距 最大約7公分　現有座位 約79公分（31吋）
新座位 最大約86公分（34吋）

座位間距最多約寬了7公分，再加上座椅
本身變薄（約3公分），實現了寬闊的腳
部空間。靠窗和內側的座位也大都可以沒
有壓力地進出走道。

JAL「經濟艙」

JAL在777-300ER新規格機裡陸續引進的經濟艙「SKY
WIDER」。比舊型在腳部最多寬了約10公分；也陸續引進
767-300ER新規格機中。

ANA 「經濟艙」

ANA在部分客機的經濟
艙裡引進了背靠貝殼型
座椅，前方座位不會後
躺。只要將椅面整體移
動，就可以和可調式座
椅有相同的姿勢。

ANA

SINGAPORE AIRLINES

新加坡航空 「經濟艙」

新加坡航空的最新經濟艙。座位雖然座置
不變，但可調的深度大而且寬敞。頭靠可
以調整到多種位置。

卡達航空「經濟艙」

卡達航空波音777-200LR的經濟艙，是3-3-3的橫9列配
置。LED燈光會依據時段和機內的情況，多元多樣地改變
顏色和光度。

QATAR AIRWAYS

LCC的加入促成
服務的多樣化

JAL「頭等艙」

Konan Ase

JAL在羽田出發主要航線的777-200型配置的日本國內線唯一的頭等艙，只有2-2-2配置的14座。白色的真皮座椅十分具有最高艙等的質感。

ANA
「Premium Class」

ANA在日本國內線的多數航班上配置了高級座位「Premium Class」。但座椅的規格因飛機而異。

星悅航空

雖然是國內線，卻在全部座椅配備了個人用螢幕和電源插座。

ANA

Yohichi Kokubo

天馬航空

配置了「波音天空內裝」規格的天馬航空737-800。

Charlie FURUSHO

Charlie FURUSHO

部分航班配備了電源插座。是日本國內線罕見的服務。

飛行時間較短的日本國內線客艙，即使機種相同也和國際線的不同。首先，艙等編成上普通座（經濟艙）的比例非常高，除了JAL和ANA這2家大公司之外，都以只有普通座的全經濟艙為艙等編成的基本。此外，正由於飛行時間短，連化妝室的數量也比國際線的機種少，廚房也屬小規模。

2家大公司的部分航班設有高級艙等，JAL除了部分航班之外，在諸多航班上都設有「J艙」，「J艙」使用的是國際線豪華經濟艙等級的座椅，座位間距比一般座位多了18公分。此外，JAL在羽田發抵的波音777-200機上，配置了日本國內唯一的頭等艙，預定2014年秋天起也將依序在波音767-300ER機上配置頭等艙。另一方面，ANA已在包含地方航線在內的多條航線上配置了高級艙等的「Premium Class」，提供和JAL頭等艙相當的服務。

普通座也對舒適度下了功夫，引進了最新的薄型座椅。JAL從2014年5月起依序引進了真皮製、腳部最大寬了5公分的新座椅。

非大型航空公司的星悅航空也發揮了獨自的個性。雖然是只有普通座的全經濟艙配置，但座椅是皮製，全部座位都設有電源插座和觸控式個人用螢幕。

而最需要注意的，是天馬航空在2014年4月之後陸續開始營運的空中巴士A330-300型。普通座使用特選座椅的這一點是劃時代的創舉（參考74頁的專欄）。日本國內線客艙的多樣化勢將更為進化。

LCC 部分外國航空公司也有高級客艙

基本是單一經濟艙

即使是相同的機種，也要盡量增加座位數以增加營業收入，這是一般LCC的商務模式。因此，LCC的客艙通常都是減少座位間距的高密度規格。

以小型客機A320為例，ANA的日本國內線客機為166座（全經濟艙），而LCC標準規格是180座，因此座位的腳部才會較窄。而且一般LCC飛國際線和國內線都使用相同客機，因此部分航線可能會擠在狹窄空間裡幾個小時。座椅大部分是可以調整的，但由於座位間距小，能夠倒的角度有限。雖然有這些缺點，但票價低廉卻是LCC最大的賣點。

不過，部分LCC卻設有高級的艙等。日本出發抵達的班機裡，捷星航空飛航澳洲線的A330-200內設有「商務艙」；全亞洲航空AirAsia X飛吉隆坡的A330-300機裡設有「Premium」；經台北往新加坡的酷航波音777-200機內設有「Scoot Biz」。全亞洲航空的「Premium」是和大型航空公司商務艙的貝殼型半躺式座椅相同的規格，身體可以伸直休息。

以全球角度來看，LCC不只是廉價的航空公司，以擁有附加價值的服務來爭取消費者的公司也日益增加。日本出發抵達的LCC，今後朝這個方向發展的可能性不低。

Motoyoshi Ohmura

樂桃航空

2012年春季開始營運的日本第一家正統LCC，以公司名稱"桃"為概念，用粉紅色裝潢的機內，十分受到女性乘客的喜愛。

Charlie FURUSHO

捷星日本航空

捷星日本航空使用的機種統一為空中巴士A320，只配置普通座180座。腳部略窄。

全亞洲航空
「Premium」

全亞洲航空
經濟艙

Air AsiaX

Hiroyuki Kashiwa

全亞洲航空配置了高級艙等「Premium」（等同商務艙）。座椅是貝殼型的半躺式規格。

A330-300的經濟艙通常是2-4-2，該公司的是3-3-3多排了一個座位。

觀賞隨選隨看的IFE

經濟艙除了短程航線之外，絕大部分航線都已經使用有著隨選隨看功能的個人用螢幕來觀賞IFE。圖片為新加坡航空的最新客艙。

機上娛樂（IFE） 使用機艙內Wi-Fi的新服務登場

國際線上的
個人用螢幕已成標準配備

　　和座位同時有著大幅進步的是機上娛樂IFE，尤其是國際的中長程航線機種裡，不論艙等如何，個人用螢幕已成為標準配備；能夠隨選隨看觀賞節目也是特色之一。隨選隨看的意思，就是可以在自己喜歡的時間喜歡的地點觀看，而且可以自由地快轉返回暫停的系統。就像是在飛機上有專屬的迷你劇院一般。

　　個人用的螢幕大小也逐漸趨向大型化。近來經濟艙超過10吋的螢幕也多了起來；商務艙一般標準是15吋，但像是JAL的波音777-300ER的新規格機種就配備了23吋的大型螢幕；而使用觸控可以容易操控的系統也日漸普及。

　　由於隨選隨看功能的普及，節目數量也大幅地增加，新加坡航空和阿聯酋航空等的新系統，都備有超過1000種的節目選項，備有幾百種節目的航空公司也

SINGAPORE AIRLINES

大型化的螢幕尺寸

商務艙的標準尺寸已進化為15吋左右的大型螢幕。新型座椅多收納在前方座椅的隔板裡。

像手機般的控制器

新加坡航空陸續引進777-300ER新機上的最新系統，座位上的螢幕和手邊的控制器共有2面螢幕。

Charlie FURUSHO

觸控螢幕操作簡單

除了螢幕大型化之外，還備有任何人都能輕易操作的觸控式螢幕。外籍航空公司也大都備有多語言的操作。

AV端子充實

即使是經濟艙，在新飛機裡，萬國電源插座和USB埠、iPod接頭等都已經是各座位的標準配備了。

CATHAY PACIFIC AIRWAYS

愈來愈多。而節目的增加，就會帶動節目的變化多元。從最新的電影，到人氣電視連續劇、電視新聞、各個領域的CD唱片、最新的電動遊戲等節目一應俱全。基本上每個艙等觀賞的都是相同的內容，艙等上的差別待遇少，也是經濟艙旅客最大的福音。順便提一下，新加坡航空將在他們全新的777-300ER機上引進的最新系統，連經濟艙都配備了觸控的控制器。座位的螢幕和手上的控制器共有2面螢幕，可以邊看著電影，邊運用手上的控制器看最新新聞，或是確定飛機現在位置等。

和IFE相關事項中最受矚目的，是收費的機內Wi-Fi服務。像是JAL在2012年夏天起，在長程國際航線裡引進了這個服務，而飛航日本線的德國漢莎航空和聯合航空等也引進了；也有部分航空公司提供付費使用機內Wi-Fi，以自己的行動裝置觀賞電影和錄影節目。而在亞洲，以新加坡為據點的LCC酷航，是這個服務的先驅。

加快引進的機內W1-Fi

網際網路在日常生活中已是不可或缺，機內Wi-Fi的需求也日益升高。聯合航空等美系航空公司在這方面的普及較早。

手持終端設備觀賞電影

LCC酷航運用機內Wi-Fi（無線網路服務），使用筆電等手持終端設備來觀賞電影和錄影節目等。本項服務需付費。

Charlie FURUSHO

UNITED AIRLINES

Motoyoshi Ohmura

附帶設備　新型客機實現的新服務

新服務導致航空
旅行印象的大幅改變

　　以高級艙等為主，運用機內公共空間的新型態服務增加許多，背景是2007年秋季開始商業運行的全雙層客艙超大型機空中巴士A380，比原先最大型客機747-400型的總樓板面積多出達50％。使用A380的航空公司，因此便想到要活用這廣闊的空間加裝各種裝備，提供給主要是高級艙等旅客更舒適的空間。

　　最著名的便是阿聯酋航空為頭等艙旅客設置，備有淋浴間的超大型化妝室「水療沐浴間」。A380上層客艙設有2處的「水療沐浴間」裡，可以享用熱水淋浴整理儀容；再加上該公司A380上層客艙後方，設有提供高級艙等旅客專用的正規酒吧，櫃台裡有負責酒吧的空服員為旅客調理雞尾酒。另也備有簡餐，時時可見商務客在談笑中享受移動樂趣的景象。這裡也是空中之旅中VIP們的社交場所。

改變航空旅行的A380
各公司多彩空間活用術

　　大韓航空也在A380上層客艙最後方，設置了商務艙專用的酒吧休憩廳。櫃台

Charlie FURUSHO

Charlie FURUSHO

阿聯酋航空「水療沐浴間」

設在阿聯酋航空A380機內的「水療沐浴間」。為了最多14位頭等艙乘客設置了2處。

Motoyoshi Ohmura

每人可以使用熱水5分鐘，但設有刻度計可以知道還剩多少時間。熱水夠熱十分舒適。

沐浴間內的淋浴空間。比圖片上的感覺更寬敞，讓人幾乎忘了還在天上飛行。

ANA溫水洗淨便座

ANA和JAL在787-8等機上裝設附溫水洗淨便座的化妝室。這裡也發揮了日本品質。

ANA

維珍航空
酒吧櫃台

機內酒吧的先驅維珍航空。在商務艙後方設有櫃台和單人座的時髦酒吧。是A380之外值得特別介紹的空間。

Virgin Atlantic Airways

內有受過雞尾酒服務特訓的空服員駐守，為客人調製原創的雞尾酒。此外，該公司的A380裡，1樓經濟艙後方設有免稅品專櫃，由專任空服員實際上取出商品為乘客說明。這個服務的對象是全部艙等的乘客。

A380之外，也有在長程航線上提供高級艙等酒吧，或是提供經濟艙旅客自助式飲料簡餐的航空公司。而為了讓乘客放鬆，JAL在長程航線裡提供踩踏竹子

大韓航空 酒吧&休憩廳
大韓航空A380的上層是商務艙專用,最後方設有時尚的酒吧和休憩廳。靠窗的長椅很舒適,用來商務洽談似乎會很有成效。

大韓航空 免稅品展示櫃台
大韓航空A380下層的最後方設有免稅品的展示櫃台。人氣的品項一應俱全,光是看看都很愉快。

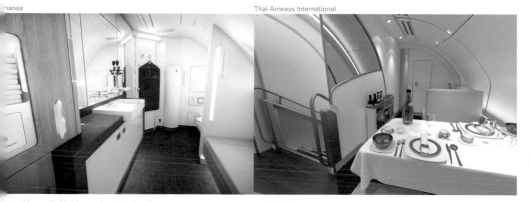

德國漢莎航空 寬闊的化妝室
德國漢莎航空A380頭等艙的化妝室功能既多也十分時尚。A380連機內的化妝室全都變身為想要貝時間待著的場所。

泰國航空 特別的休憩區
泰國航空的A380機內,上層客艙前方的階梯旁設有頭等艙專用的休憩區。長程航線的話還可以在此享用晚饗。

的空間給包含經濟艙乘客在內的作法,也是極為特殊的附帶服務。過去曾有航空公司設置專屬治療士,提供商務艙乘客按摩的服務。今後在機內設置可以做些輕鬆伸展運動的區域等,提供乘客放鬆身心的附帶設備勢將更為增加。由單純的移動工具,成為備有各種服務,提供享受移動本身樂趣的交通工具。公共區域的允實,可以讓航空旅行更加舒適而便利。

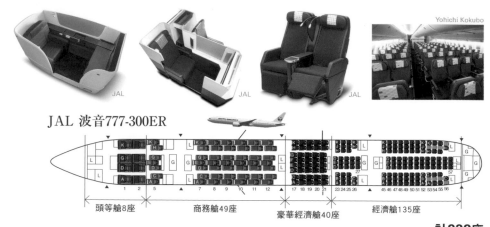

Yohichi Kokubo

JAL 波音777-300ER

| 頭等艙8座 | 商務艙49座 | 豪華經濟艙40座 | 經濟艙135座 |

計232座

相同機種也因應航線需求變化

艙等編成和配置
更加多樣化

波音777-300系列，是日本出發抵達長程航班的主力機種，日航和全日空也引進飛航日本國內線的幹線。飛航長程國際線時使用續航距離長的777-300ER，日本國內線則使用續航距離短的777-300。這二個機種雖然全長相同，但艙等編成和座位數、座位配置等卻有許多不同的版本。本篇就針對JAL長程國際線的777-300ER、國內線777-300，和阿聯酋航空的777-300ER（使用在日本發抵的杜拜直飛航班）進行比較。

首先看看JAL的國際線與國內線。國際線的777-300ER由頭等艙、商務艙、豪華經濟艙、經濟艙等4個艙等構成，總座位數雖因座椅的規格而略有差異，但約為232座到246座之間。特徵是，非經濟艙的高級艙等的高比例。從地板面積來看，客艙的3分之2是高級艙等。座位配置方式上，頭等艙是1-2-1（橫4

座）、商務艙是2-3-2（橫7座）、豪華經濟艙是2-4-2（橫8座），而經濟艙是3-3-3（橫9座）。愈是高級的艙等座位配置就愈寬鬆。離開座位到酒吧去換換氣氛，是國際線長程航班上高級艙等的樂趣，但這些空間就會讓座位減少。

超過國際線一倍以上
日本國內線的座位數

另一方面，JAL國內線的777-300的總座位數為500座，設置超過國際線777-300ER一倍以上的座位。其中普通座為422座，高一級的「J艙」有78座；8成以上都是普通座。座位配置上，「J艙」和國際線的豪華經濟艙同為2-4-2（橫8座），而普通座則比國際線的經濟艙多1個座位，為3-4-3（橫10座）。

日本國內線飛機的另一特徵，是機內廁所數量少；普通座一共只有4處，含

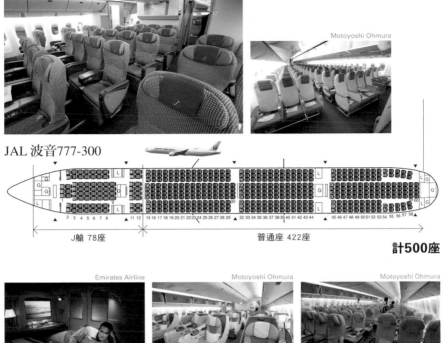

Konan Ase

Motoyoshi Ohmura

JAL 波音777-300

J艙 78座　　　　普通座 422座

計500座

Emirates Airline　　　Motoyoshi Ohmura　　　Motoyoshi Ohmura

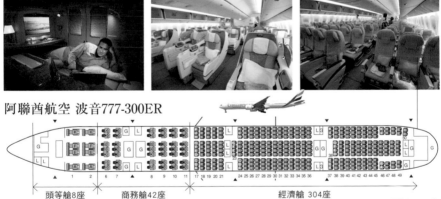

阿聯酋航空 波音777-300ER

頭等艙8座　　商務艙42座　　　　經濟艙 304座

計354座

「J艙」在內也只有7處。而飛行時間長的國際線777-300ER機內,則備有共11處的化妝室。

接下來,即使同為國際線,JAL和阿聯酋航空也不一樣。先是阿聯酋航空為3艙等配置,並沒有JAL的豪華經濟艙;而經濟艙的座位配置也不一樣,JAL是3-3-3的橫9座,而阿聯酋則是3-4-3的橫10座。座位的規格不同不可一概而論,

但阿聯酋因為多了1個座位,因此座位寬度略窄而走道也略窄的感覺。該公司對於777系列一定配置的是橫10座,最近整個航空業界配置成橫10座的公司愈來愈多。座位配置是客艙裡舒適與否的指標之一。各公司都會在網站上公布各機種的座位配置表,在訂位前不妨前往確認一下。

配合A330-300的引進,期間限定登場的空服員特別服,特色是迷你裙。圖片中央為天馬航空的西久保社長。

繪有天馬航空LOGO的A380垂直尾翼。第一架機即將完成交付,預定2014年中開始飛航成田~紐約航線。

Konan Ase　　　AIRBUS

Konan Ase

飛航日本國內線的A330-300,全部座位都稱為「Green Seat」的特等經濟艙位。就是全部座位都是JAL「J艙」的感覺。

2014年的矚目新客艙

天馬航空
A330-300 & A380

AIRBUS

日本國內線出現只有特等經濟艙位的A330日本首家以A380飛往北美的航空公司

2014年在日本的航空業界即將引爆的,會是天馬航空的話題。因為先是4月起以全部優質座位的空中巴士A330-300飛航日本國內線;再加上年底,成田~紐約(JFK)線將以日籍航空公司首架A380開始飛航的緣故。

日本國內線的A330-300座位數為271座,設定為全機普通座,但全部的座位都使用名為「Green Seat」品牌名稱的特等經濟艙位。座位配置為2-3-2,和同型機國際線的豪華經濟艙相同。而座位的前後間距約為97公分,提供的也是和國際線標準豪華經濟艙相同的寬敞空間。各座位配備有靠腿和電源插座等,而靠肘也是標準配備。

飛機雖然使用優質座位,但票價卻仍是之前的低廉水準,但相對地,預售票

的折扣費率將會縮小;開始營運時飛航羽田~福岡線。該公司共下單訂購了10架A330-300型客機,配合交付情況,預定羽田~那霸線、羽田~新千歲線都將使用此型客機飛航。

配合A330-300型客機登場的新制服也備受矚目。新制服是迷你裙型的洋裝,加上帽子和領巾的組合。是A330-300型客機專用的活動用制服。

另外,該公司預定在2014年底,使用全機雙層客艙的A380,飛航成田~紐約(JFK)的直飛班機。艙等編成部分只設置商務艙和豪華經濟艙等高級客艙,並未配置經濟艙。即使只有高級艙等,但預定仍將藉著增加座位數來確保收益,將票價壓低在更低廉的水準。此外,機上餐點將免費提供。A380的客艙細節和服務內容,將可望在2014年夏季對外公布。天馬航空的新型客機,正準備大幅度地改變日本的天空。

各種的客艙設備

飛行中乘客乘坐的空間是客艙。

而，客艙裡除了乘客用的座椅之外，還有各式各樣的設備。

每個設備通常都不會很搶眼，但每件都具有客機飛行上不可或缺的重要性。

如果有這些細微的客艙設備知識，勢將有更有趣的飛行旅程。

Konan Ase

787的廚房

具備和大型機相當續航能力的國際線規格787，廚房比之前的中型客機更大，以提供2次機內供餐。

Konan Ase

國際線的大型機種可以搭載1000份餐點

Galley（機內廚房）

　　廚房是收納機內餐和飲料以及準備供餐的空間。機內餐是在地面上的工廠調理好，在天空只需要加熱或擺盤等就可以。但是由於要提供給大量乘客，因此在收納上也需要有相當的空間。

　　像是波音747和空中巴士A380之類的大型客機裡，國際線的標準乘客數就達到400～500人，而且長程航線在飛行途中需要提供2次用餐服務，就必須準備約1000份的餐點。光是將這些餐點收起來就是大工程一件，更何況還要考慮到如何迅速地送進機內以及撤出機外。

　　畢竟國際線乘客停留在地面上的時間，最多只有2小時左右。考慮

服務推車

機內餐在考量到地面的上機作業等情況下，都是收進服務推車裡的。底部設有輪子，可以輕易移動。

Konan Ase

Konan Ase

咖啡機

機上廚房常見的裝備之一是咖啡機。也有部分航空公司裝設的是濃縮咖啡機。

推車內的機內餐

機內餐是在地面的工廠裡調理出來的，但熱食部分是在機內的烤箱加熱後再擺進去的。

Konan Ase

Konan Ase

垃圾箱

垃圾箱本身很平凡,但國際線客機上的垃圾也需要檢疫,因此落地後需由專用的處理設施處理。

微波爐

加熱機內餐通常使用烤箱,但有部分飛機裝的是微波爐。使用的是特別開發的,不會影響到飛行用的電子儀器。

Konan Ase

Konan Ase

流理台

丟棄咖啡和茶等喝剩飲料的排水口。會集中到飛機內的污水槽內,在地面加以處理。

Konan Ase

747上層客艙的廚房

747上層客艙的廚房,位於天花板低的最後方。上層客艙沒有服務門,推車需求主客艙以電梯送上去。

連接服務門的食勤車

連接客機右舷側門的食勤車。為了提供A380的上層客艙使用,也特別開發出可以升到高處的食勤車。

垃圾壓實機

在空間有限的廚房裡,為了減少垃圾體積而裝設的垃圾壓實機。有一輛推車的大小。

Konan Ase

到乘客的上下時間,則實際的作業時間只有1小時左右。為了能在這段時間中完成廚房物品的替換,機內餐等都收納在推車和貨櫃裡,設計上也將廚房設在門的附近。專用的食勤車就會貼靠這個機門來進行替換的作業。

順便提一下,去掉推車和貨櫃之後的廚房,是個像是拿掉抽屜之後的櫃子一樣,很殺風景。在這個空間會裝上給水器和咖啡機、烤箱和排水口等裝備,但像是國內線班機般沒有機內餐服務的客機,則廚房也會相對地比較簡單。從前,機上廚房是各家航空公司自己向各種廠商訂製的,但最近愈來愈趨向標準化,波音787機上的廚房,就是由日本的JAMCO公司獨占製作的。

Konan Ase

所有乘客都可以在90秒內逃離
逃生門

747的逃生門（A型）
首款配備寬闊A型逃生門的747。門下方凸出部分裡，放置著折疊好的充氣式逃生梯。

　　客機上一定有好幾個門在兩側，乘客上下機時使用的只有1～2處，但客機有個必須在90秒之內疏散全部乘客的規定，因此機門也必須因應座位數量來設置。但是，由客機生產廠商的角度來看，機門其實是很麻煩的。尤其是高空飛行需要在機內加壓的客機，每扇門都被施加了好幾噸的壓力。必須要做出足以耐住高壓的堅固機門，而且機門周邊的機身也必須補強。因此相較於小型客

737-800的逃生門配置

客機的逃生門依據大小分為「A型」「I型」「II型」「III型」「IV型」等，737-800型機裡，兼上下機門使用的是「A型」，設在主翼上只供緊急逃生用的出口為「III型」，而同樣是「A型」的出口，右側就會比左側高度低。

上下機用「A型」　　　　　緊急逃生門「III型」　　　　　上下機用「A型」

Airbus

Konan Ase

可成為救生艇的逃生梯

大部分客機的逃生梯都可以直接成為救生艇。當乘客乘員都逃離之後，就把和機身的連結分開。

A380的逃生梯

A380在上層客艙設有每側各3處、主客艙各4處的A型機門。上層客艙的有相當的高度。

787的逃生門指示牌

首度使用沒有文字的圖像指示牌。

DHC-8的上下機門

內側設有階梯，一打開就成為登機設備。而在水上迫降時則要放下上方的防水板。

Konan Ase

Konan Ase

737的逃生門（內側）

設在737主翼上的小型逃生門。這個部分的座位前後間距很大，但起飛降落時不可以將行李放在前方的座位下方。

Konan Ase

737NG的逃生門（外側）

設在主翼上的逃生門，大都需拆下機門逃生，但737NG使用彈簧可以輕易地向外推開。

Konan Ase

A320的上下機門

橫向開門的先驅。客機的機門原則上都需要向前方打開，因此右舷和左舷的開啟方向會改變。

Konan Ase

MD-81右舷的逃生門

由於開口部分會影響到機身強度，因此小型機不用來上下機的右側機門通常會做的較小。MD-81右前方機門高度也只有1.22公尺。

機左側使用頻率高的機門，右側主要使用在緊急逃生的機門尺寸就要小一些。

　緊急時，主要機門的逃生梯會打開，供乘客迅速疏散。逃生梯在離開登機門時會設定為自動開啟，停靠航廈之前會解除。機內廣播的「組員請變更機門設定」，就是指示做這個設定的意思。此外，這種逃生用的裝置，也有部分在海上可以直接作為救生艇使用的產品。

　波音737經典型和767、A320的主翼上設有小型的逃生門，這些則是把門拆下來逃生。但是機門相當重，要拆下來需

要很大的力量。因此，在737NG上，已經改良為使用彈簧的力量向上彈起的方式。

　逃生門的操作，原則上由組員來進行，但緊急時可能發生組員死亡或產生恐慌的情況，因此還是先知道如何開啟比較好，開啟的方法會寫在「安全須知卡」上。不過在開啟之前，必須先看看外面，確認沒有火災發生或沒有沉入水中。

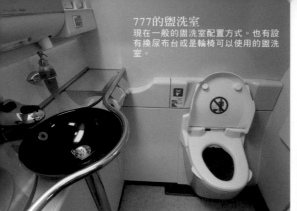

777的盥洗室
現在一般的盥洗室配置方式。也有設有換尿布台或是輪椅可以使用的盥洗室。

真空式廁所
清洗時會拆下便座的真空式廁所。上洗手間時排出的污物，只要按下按鈕就會以負壓方式吸走。

Konan Ase

循環式（水槽式）廁所
取下便座的循環式廁所，下方放有加入藥劑的水槽。由該處經過濾網的藥液來洗淨使用後的便器。

Konan Ase

Konan Ase

ANA和JAL使用了溫水洗淨馬桶座

Lavatory（盥洗室）

Lavatory是盥洗室，也就是廁所的意思。過去的盥洗室，是只在便器下方放置加了藥劑的污物箱，也就是所謂的移動式便器，據說遇到亂流時，藥劑就可能由便器裡飛濺出來。不久後水洗式登場，方便之後以過濾器將便箱的藥劑過濾後用來沖洗馬桶。到了經典型747時，這類的水箱型水洗廁所已是標準配備。

但是，這種方式每間廁所都需要設置水箱，因此機內有好幾處廁所時，在地面上的後續處理就非常耗時。因此接著登場的就是現在使用的真空式成為主流，方式是以少量的水，將機內各處的廁所吸到1處集中的形式。此外，波音

787等部分的新型客機，甚至可以裝置溫水洗淨便座（washlet），但實際上使用的還只侷限於JAL和ANA等日本的航空公司。

盥洗室裡，除了便器之外，還設有洗手台、換尿布台等設備，但其他一定能看到的卻是煙灰缸。不用說盥洗室絕對是禁煙的，但之所以還是裝設了煙灰缸，就是為了可能有人到盥洗室偷偷吸煙，並將煙蒂丟進垃圾桶（內有許多紙巾等易燃物），為了防止火災而設置的。看到盥洗室內有煙灰缸，也絕非許可在裡面吸煙的意思。吸煙時引發偵煙感知器時會發出很大的警報聲響，就會被處以罰款（日本國內是50萬日圓以下）。

Tokio Sato

溫水洗淨便座
日本國內使用的溫水洗淨便座。由於飛機能載運的水量有限，每次的使用量也有限制。

Konan Ase

盥洗室的煙灰缸
禁煙的盥洗室裡一定有的煙灰缸是為了預防火災而設的。看到有煙灰缸就吸煙的話會被處罰，請注意。

質輕而堅固，乘坐舒適
Seat（座椅）

客機的座椅做得非常好，最近個人用的螢幕和電源插座等的設備齊全，而且又輕又堅固。再加上使用的是不易燃燒，燃燒時也不容易出現有毒氣體的材質等，是在滿足種種條件下製造出來的。

尤其是堅固性（強度）部分，並不只是體重很重的人一下子坐下去而不會損壞的強度，而是為了因應迫降時的衝擊，生產的座椅必須能夠承受前方16G、下方14G的力量。

這裡指的G是指加速度的單位，一般生活裡會有1G的重力（加速度）加諸人身，如果是2G就是承受體重約2倍力量的意思，而到了16G時，衝擊力幾乎相當於以50公里的時速撞牆。即使在這種情況下，客機的座椅仍然不會損壞，而且需要盡量輕，而且坐起來也要極為舒適。

乘坐舒適性方面，尤其是經濟艙座椅或許有人並不認為很舒適，但是到歐洲之間的12個小時飛行時間中，大概都可以坐著度過這一點就絕非尋常。現實生活中，坐著2～3小時就很痛苦的椅子並不少見，因此客機座椅仍稱得上做的非常好的。

Do228的座椅

非常簡單的座椅，但卻是擁有可以承受住迫降等情況衝擊的強度，也是使用不易燃燒，燃燒時也不易排出有毒氣體的材料製作而成。

客機座椅的另一項獨特之處，就是可以從艙門運進送出，以利於進行高階維修或是座位重新編排。除了經濟艙座椅之外，連豪華的頭等艙座椅也都可以拆成數塊，從艙門運進送出。

維護中的座椅

將坐墊裡的彈簧取出來的狀態。除了可調式機制之外，娛樂用器材也是維護的對象。

Konan Ase

救生衣收納處

經濟艙裡座位下方會收納有救生衣，橫向的金屬桿目的是為了不讓行李移動。

Konan Ase

由客艙折下的座椅

客機的座椅都可以由艙門運進送出；而廚房和盥洗室也一樣可以由艙門運進送出。

Konan Ase

787的頭頂置物箱

不只是容量大，連形狀都很講究，標準大小的有輪旅行箱可以直立放入。把手部分也經過特別設計，容易打開。

Konan Ase

747經典型的
頭頂置物箱

有突出於內側，不只是容量小，送進拿出都不很容易。從前有輪旅行箱的常識是要托運的。

Konan Ase

IL-96的客艙

和三星式客機同為中央部分沒有頭頂置物箱，因此雖然看起來十分寬闊，但實在不太好用。

Konan Ase

滾輪式登機箱也可輕鬆放入
頭頂置物箱

　　在舒適性方面，和座椅同樣重要的是頭頂置物箱的大小。即使座椅周圍的尺寸相同，頭頂置物箱小的客機裡，就需要將行李放到前座的座位下方，導致腳邊的空間受到擠壓。

　　過去的客機裡，頭頂上的置物箱稱為「Hatrack」（放帽子的地方）；而就像這個名稱的字意一般容納量極小。連廣體的三星式客機，客艙中央（左右走道之間的部分）甚至沒有配置頭頂置物箱。或許是單純想要減輕重量，也或許是認為客艙的開放感比收納能力重要。但這種裝備在那個時代仍然是沒有問題的。

　　但是在1988年首航的空中巴士A320，卻以又大又好用的頭頂置物箱作為賣點。雖然那可能只是藉此強調機身比競爭機種寬大，但積極地顯示頭頂置物箱的重要性卻是真知卓見。乘客不但可以使用更寬廣的座位空間，而且不需要托運行李，直接帶上飛機，抵達後可以省去提領行李的時間，也可以由行李可能遺失的不安情緒中獲得解放。

　　那之後，各廠商無不盡力研發，以提供更好用的頭頂置物箱。像是波音787機內，不只是容積大，甚至調整外觀設計，讓標準尺寸的有輪旅行箱可以直立放置。

747經典型（左）和747-400（右）的上層客艙

747的上層客艙天花板很低，一般都只設有靠牆的置物箱，但後來加設了容量不大的頭頂置物箱。

Konan Ase　　　　　　　　　　　Konan Ase

Konan Ase

不只是亮而已，還有燈光的設計
客艙照明

現在社會中將白熾燈和日光燈改為LED的腳步愈來愈快，而這部分客機內也一樣。LED的優點是消耗電量少，而且壽命又長，可以幾乎沒有更換的必要。另外，LED還可以變換各種顏色和亮度。

強調使用這種LED燈的，是日本的ANA箱先全球引進的波音787。由於使用的是彩色LED，除了亮度之外還可以輕易地安排變換顏色，用餐和休息，或是由睡眠狀態清醒等不同的階段，都可以安排最適合的燈光設計。使用初期時，ANA充分利用這個功能，將機艙點綴成七色

彩虹，讓乘客留下新型客機的強烈印象。順便一提，787的牆面以白色為基色，讓這些光的變化效果更好。

但是，首先在客機上使用LED的並不是787，空中巴士的客機在更早之前就開始使用LED了。

Konan Ase

LED照明組

787的LED照明組。光的三原色LED一字排開，而為了讓發色更漂亮，內裝都以白色為基調。

Konan Ase

日光燈的更換作業

A320的日光燈的更換作業。如果用LED，由於壽命很長不需要更換，可以減少作業的時間和備貨的壓力。

Konan Ase

Konan Ase

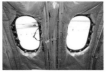

塑膠窗簾

為在高空遮擋陽光設置的窗簾，通常都是塑膠製的。可說是飛航有很大時差都市之間的飛機上不可或缺的設備。

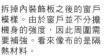

Konan Ase

電子式窗簾

787的窗子，使用的是以電來改變光線透過率的電致變色層方式。可以用按鈕來變更亮度。

內裝飾板的內側

拆掉內裝飾板之後的窗戶模樣。由於窗戶並不分擔機身的強度，因此周圍需要補強。看來像布的是隔熱材料。

Konan Ase

A330的客艙窗

標準型的客艙窗，使用雙層的壓克力夾住空氣層，內側還加上了保護條和窗簾。

最新型的波音787更加寬大
客艙窗和遮陽板

搭飛機的樂趣之一是從窗戶欣賞風景。100年前人類無法從1萬公尺處看到的景色，現在任何人都能看到。不過，設計師或許並不希望有窗戶。

客機的機身就像是喝完的啤酒罐一樣，是以很薄的外板來維持住形狀的。只要在機身上開設窗戶強度就一定會降低，因此需要在周圍補強，重量也因此而增加，最終將導致性能的下降。

當然窗戶也需要強度，在天空飛行的客機機內經過加壓，機身和窗戶都會受到內向外的巨大壓力。每片標準窗戶將承受約300公斤的壓力，因此打造時必須做到在這麼大的壓力下不會破裂也不會脫落。而且客機上的窗戶都是雙層

的，當一片破掉時還可以承受住，因此重量更重。

此外，客機的窗戶為了防止陽光太強，通常都會設置窗簾遮光。窗簾通常是由上方拉向下方，但位於波音737等主翼上的逃生門上的窗，則在結構上是由下而上關閉的。

沒有一般窗簾的飛機是787，該機配備的是使用電力來改變光線透過率的特殊機制，每個窗戶都有可以調整亮度的按鈕。調到最暗時，透進來的光線不到1%，但白天時還是可以略為看到外面的景色。不必在意周圍乘客是否入睡就可以自在地觀賞機外風光，可說是很令人歡心的設計。

機組員休息室的設置情況

777和787的機組員用休息室在最前面的天花板上方；相對於機身略為傾斜，但在飛行姿勢下是水平的狀態。

787的機組員休息室

長程航線用的787機內，在天花板上方設有機組員休息室，圖片為後部客艙乘員用休息室。但是，設有機組員休息室的位置就不能設置中間的頭頂置物箱。

讓機組員休息的 "機內膠囊飯店"
機組員休息室

　　長程飛行途中機組人員也需要休息。過去是將座位的一部分以門簾隔起來供作機組休息的空間，但這種方式既無法充分休息，而且提供旅客的座位也會因而減少。因此大型客機裡，會利用較有充裕空間的天花板裡面和地板下方空間，設置機組員使用的休息室。

　　一般的休息室是擺放了數個小睡休息用的床，床上有安全帶，也有氧氣面罩，以備艙內失壓時使用。像是波音787機上，機員的休息室在頭等艙的上方，空服員用的休息室則在經濟艙最後方的上面一帶。空中巴士A380機內，由於上層客艙的天花板上方沒有充裕的空間，因此空服員的休息室設在地板下方。

　　由日本飛往歐洲等國的長程航線上，在第一次用餐結束之後，半數機組員就會開始休息，幾小時後剩下的一半輪班休息。全部人員恢復配置，通常是在抵達前的用餐服務開始時。

機組員休息室

A380的機員用休息室。除了床和閱讀燈之外，還設有對講機和因應急劇減壓的氧氣面罩等。

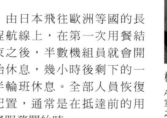

地板下的機組員休息室

空中巴士的客機以使用地板下的機組員休息室居多。由於高度夠，可以配置上下鋪的床，但可以裝載的貨物會減少。

貨機的機組員休息室

747-400F貨機的機組員休息室。但是，通常貨機飛航的距離都比客機短，使用的頻率不高。

Boeing

氣壓和濕度也更加舒適

787利用機身的堅固性，提供更高的加壓，保持和地面相近的氣壓。此外，機內也特別設計，可以不必降低濕度。

高空1萬公尺的嚴苛環境

1萬公尺的高空和地面相較之下，氣壓和氣溫都低了很多，是人類無法生存的環境。在這種環境下追求舒適性，也是現代的客機製造技術才有可能。

Tokio Sato

追 求 看 不 到 的 舒 適 性

最新客機的客艙結構

堅固的機身提升舒適性

講到客機的舒適性，通常立刻會浮現腦中的是座位的寬度和舒適度。但是787等的新型客機，也在追求氣壓和濕度等眼睛看不到的舒適性，而787又特別強調這個部分。

在客機飛行的1萬公尺以上高空中，空氣濃度只有地表的4分之1到5分之1左右。由於人類無法持續在這種環境下生存，因此客機是機身密封的結構，並在內部添加壓力，這稱為加壓。

但是卻無法加壓到和地面相同的程度。加壓之後機身會承受極大的壓力，因此必須讓機身結構更加堅固；也就是重量會增加。一般而言，機身內外的壓力極限在0.5氣壓左右，這相當於巡航中的機內，處於2400公尺左右高度的氣壓。但是，由於787是由質輕而堅固的

碳纖維打造，強度高於一般飛機。因此設計上讓機身能夠承受更大壓力，在高空時機內氣壓也可以控制在1800公尺高度左右。

這類氣壓上的差異不容易感覺出來，但可以從眾多乘客和乘員聽到上升和下降時耳朵的不適感減少，或長途飛行下來的疲倦感較少等的意見。

此外，由於787可以減少機內水分的消失，因此可以保有較高的濕度。之前的飛機在飛行時，機內像是在沙漠般地乾燥，但787讓這種現象稍微好轉。雖然有人帶了濕度計上機實測，而且表示和一般的飛機沒有很大差距，但也有敏感性肌膚的女性表示，「下機後肌膚的毛燥感完全不同」。或許實際上沒達到廠商期待的效果，但仍是發揮了一定的成效。

客機的機制

巨大的機身承載著眾多乘客和沉重貨物，在超過1萬公尺的高空飛往外國。

客機根本就是夢幻般的交通工具。

飛機製造商不斷研發新技術，以提供乘客更方便、航空公司更經濟而安全性高的飛機。

那麼，到底現代的客機擁有些什麼機制呢？

Airbus

大小和製造商都不同，看來卻差不多

A320（前，166座）和767（270座）。雖然不是誰抄誰的設計，但卻長得很像，如果沒有這方便的知識，要分出誰是誰很困難。

飛機的整體架構 「形狀獨特的未來客機」為什麼不會出現？

客機看來都差不多的原因

　　大部分的客機外觀都差不多，當然一定會有不同的地方，但看看同樣是飛機的軍用飛機具有的多元性，就顯得客機仍然缺乏個性。每一架客機都是圓柱形機身，機身中央附近有細長的主翼，尾部則有垂直尾翼和水平尾翼。雖然仍有些如主翼的安裝位置在機身的上方或下方、水平尾翼在垂直尾翼的上方或下方、發動機安裝在主翼上還是機身上等的差異，但差異也不會超過這些範圍。但是如果換個角度思考，可以說這就是現代客機最理想的外觀了。

　　實際上，過去有很多形狀不同的客機。世界第一架噴射客機德哈維蘭彗星式，就是在主翼靠機身處嵌進了4具發動機；超音速的協和式客機，就擁有戰鬥機般的三角翼。即便在今天，發布的「未來客機」中，仍以水平尾翼放在前方的前置尾翼機，或沒有機身的全翼機特殊外觀的設計較多，性能方面也可能比較好。

　　但是，客機還有必須顧慮到的事物。不論性能多好，在規定時間內無法疏散全部乘客，或是無法使用現有機場的空橋設備，亦或是作業不易執行等因素，因此都沒有被市場接納。在顧慮到這些情況下設計客機時，最後就是每一架都很像的結果了。

波音777

波音787

波音767

波音737

空中巴士A330

空中巴士A320

Embraer170

圖波列夫Tu-204

大家都分得出來嗎？有著相同形態的客機

主翼上吊掛著發動機的雙發機，是現在的代表性形態。圖片裡的機身大小不易辨識，但超過400座的大型機和未滿100座的小型機都長得很像。

A340-600　　　　　　　　　MD-90

Konan Ase

終極版的客機細長度

將基本型延伸到極致的A340-600和MD-90。再加長將可能導致機身折斷。

客機的機身　　低風阻、堅固、載客能力的均衡感

機身的寬和長

　　客機的目的，在於快而經濟，而且安全地運送乘客和貨物。為了載運大量的乘客，客機就有各種形狀的可能。像是劇場形狀的機身雖然不無可能，但是風阻卻會太大，因此還是細長型的好些。

　　細細的機身的風阻雖小，但長度太長時卻很難做的堅固，而且還有在機場很難移動的可能。以現今的機場能夠停靠的飛機，大機場的長度和寬度都以70公尺左右為限，地方機場則更小。因此飛機必須做成這個尺寸之內。

　　像是世界最大的客機，空中巴士A380約可裝載800個座位，但如果要以之前的機身直徑來做的話，全長將超過100公尺。這種長度就算能夠起降，但卻無法在機場內移動。因此空中巴士公司想到將機身加大做成3條走道，但這麼一來卻很難達成客機在緊急時的「90秒逃生規則」。最後的結果，就是打造出現在看到上下兩層的全雙層式客艙。

Konan Ase

空間不夠就增建2樓

客機和住宅一樣，要在固定的空間裡增加收納能力，就只有延伸一條路。A380也是以全雙層座艙來增加座位數量。

Konan Ase

製造中的A330機身

圓形機身看來不好用，但橫貫中央的地板下方，卻作為主翼連結部和貨艙等，充分地加以活用。

Konan Ase

四方形斷面的飛機

部分小型的螺旋槳客機擁有四方形斷面的機身。雖然看來收納效率不錯，但座椅之外幾乎沒有裝置其他東西的空間。

Konan Ase

Do228的後方貨艙

由於四方形機身，貨物無法放在地板下方，因此在後方等地設置貨艙。也因此會壓迫到客艙的空間。

看起來難用卻沒有浪費
機身為什麼是圓的？

　　機身呈現細長形狀這點和火車、巴士相同，但客機的特色卻是圓形的斷面。大家都知道圓形斷面是不利於放東西的形狀，放置座椅時也必須鋪上地板才行，而且下方會出現半圓形的空間。相較之下，火車的四方形斷面，看來不但不會浪費空間也更好用。

　　但是，太過於沒有空間浪費卻是四方形斷面的缺點。交通工具除了座位之外，還需要有放置各種機器的空間。火車曾在車廂下方裝設各式各樣的機器，在車頂上則有空調凸出於外。這種配置風阻過大，並不適合飛機。但是，如果是圓形斷面，卻可以有效地活用在地板下或天花板上出現的浪費空間。

　　實際在客機上，地板下方容納了讓主翼和機身緊密結合的結構，以及起落架、空調加壓裝置和電子儀器室等，還空出的空間則作為貨艙使用。而天花板上方則是空調的配管等物體。

　　另一個客機機身是圓形的原因，是在於沒有任何角度的平滑形狀可以降低風阻；而且結構上也可以更輕。噴射客機飛行的高度是空氣稀薄的1萬公尺以上高空，客艙內必須加壓。一旦機身有角度，則壓力勢將集中在該處，為了將該處做的更堅固就勢將增加重量。也因此才會做成圓形，來平均地分擔壓力並且減輕重量。

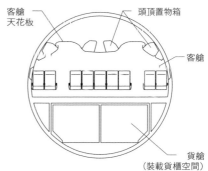

777的機身斷面圖

最寬的地方作為客座使用，地板下方設置貨艙。此外，天花板上方也可能設置機組員的休息室。

Konan Ase

「大鐵塊」為什麼會飛？
產生揚升力的機翼

主翼承受著風來起飛的客機

客機就像是空鋁罐，非常地輕。再裝上巨大的機翼，由發動機來加速。而風力就能讓客機飛上天空。

　　有許多人覺得「鐵塊」一塊的飛機飛在天空很難想像，但是會不會覺得飛不上去才是奇怪的呢？

　　首先，搭乘過飛機就會知道飛機裡是空洞，因此比較接近「空鋁罐」而不是「大鐵塊」。換句話說，比看起來要輕上了許多。而且在飛機上加了巨大的機翼，再以超快的速度前進之下，會飛是理所當然的。

　　大家可以想像一下，如果手持防雨木門或是和室門一般的大片板狀物站在卡車載台上。應該是擔心被吹走，而不是想要如何飛起來才對吧。如果再加上拉升速度，則你不喜歡也會飛起來的。客機的原理就是這樣。

　　一般而言，秒速25公尺以上的風稱為暴風，這種風勢下，別說手持板狀物了，連站立都可能會有困難。但是秒速25公尺換算為時速最多也就是90公里，而噴射客機的起飛速度卻是接近時速300公里。巨大的機翼承受這種程度的大風之下，能飛起來並不意外。

　　順便提一下，機場跑道就是客機要飛起來之前，為了增加速度取得必要風勢（速度）的助跑跑道。大型客機要加速到時速300公里，大約必需要有2～3公里的距離。至於降落時，跑道則是由高速下踩下煞車一下子將飛機停下來的減速跑道。

要飛機照著操控飛行

維持平衡的尾翼和舵

Konan Ase

垂直尾翼與水平尾翼
尾翼是為了維持平衡而存在的。尾翼上還設有舵，可以自由地變更飛機的姿勢。

若有強大風勢吹在巨大的機翼上，就會產生讓龐大飛機飛上天空的力量（揚升力）。但是如果只是如此，那就如同颱風時的木片般，沒有規則地被吹來吹去罷了。因此最重要的是維持平衡，飛機上的尾翼，就是為了這個目的而存在。而且尾翼和主翼上設有方向舵，機師可以自由自在地操控飛機的姿勢。

具體而言，將駕駛盤左右轉動來操控主翼上副翼，便可以讓飛機左右傾斜；機首的上下，則是將駕駛盤下壓或拉高來操控水平尾翼上升降舵做到的；而機首的左右，則是踩下踏板來移動垂直尾翼上的方向舵來操控的。

像是飛機在繞圈子時，機師是轉動駕駛盤讓機身朝向想轉的方向傾斜，這個動作會讓主翼的揚升力一起傾斜，機身就會被拉向橫方向。當100噸重的客機（飛行時揚升力也是100噸）機身傾斜20度時，揚升力的水平成分約為34噸。就是這個力量向橫方向拉扯下，讓飛機能夠轉向。

薄而細長卻十分有力

機翼為什麼不會折斷？

Konan Ase

767-300的主翼
客機的主翼都是細長型的。強度上以更短胖的形狀較為好做，但性能卻會下降。

讓巨大飛機飛行需要有大型的機翼，但除了大之外，機翼平面形狀也很重要。即使面積相同，滑翔機般細長形的機翼，效率就高於短胖形的機翼。但是，做的太過細長時卻又難以維持足夠的強度，結果是每架客機做出來的機翼都是差個多程度的細長形狀。

這種適當的細長程度下，要做出不會折斷的主翼其實極為困難。過去有的飛機像是吊橋般，在機身上裝設柱子，再以鋼纜連接柱子和主翼。但是支柱和鋼纜都會造成不小的風阻，現在的客機都已不再使用，而改用機翼內部的結構來支撐。

客機的機翼結構，可以想像成像是箱子一般的物體。柔軟的紙張只要組成箱子的樣子就會變得堅固。以這種箱型結構為中心，做出前緣和後緣後，就可以做出風阻小的機翼了。

此外，客機也將這個「箱子」作為油箱使用。飛機的平衡很重要，不論平衡調教得如何精密，飛行中只要有燃料消耗重心就一定會移動。但是以接近飛機重心所在的主翼內為油箱的話，飛行中的燃料消耗對於飛機的平衡影響也有限。

改變形狀控制風力
可動翼（飛行操作面）

客機在起降時機翼後緣會向下折曲，這稱為襟翼，是低速下仍能保持飛行狀態的裝置。噴射客機的巡航時速在900公里左右，但降落時卻會減速到時速200公里左右。揚升力的大小是因應速度來變化的，因此速度一旦下降，揚升力也會隨之下降，至無法飛行的狀態。但是以太快的速度降落時衝擊力道會增大，而且跑道的長度需要更長。因此才會藉著機翼後緣折曲，改變形態讓低速下也能保持足夠的揚升力。此外，許多客機在機翼前緣也設有襟翼或縫翼（目的和襟翼大致相同），讓飛機可以更低的速度飛行。

和襟翼不同，可以小刻度動作的舵稱為副翼（輔助翼）。以名稱不容易了解，但副翼具有左右主翼向相反方向動作來破壞平衡，讓機身向左右傾斜（或矯正傾斜）的功能。

當飛機抵達跑道時，就會有機翼的一部分像牆壁一樣直立起來。這是利用風阻作用的空氣煞車，又稱為擾流片。除了降落時之外，在高空進行減速或降低高度時也會使用。

降落中的747-400F
為了低速下也能飛行而放下了襟翼，再在觸地後立起了擾流片增加風阻。發動機的推力反向已經啟動。

A380的飛行操作面

縫翼
和前緣襟翼同樣降低前緣，同時在和機翼本體之間形成間隙的縫翼，具有讓主翼不易失速的效果。

擾流片
讓主翼上方的金屬板立起以增加風阻。除了降落時之外在空中也會使用，低速時單側會輪流立起，具有協助副翼的功效。

後緣襟翼
藉由將主翼後緣折曲，讓低速下仍能飛行。但是風阻會增大，因此在高空時是全平的狀態。

副翼
又稱為輔助翼。左右主翼的副翼向相反方向折曲，刻意破壞揚升力和平衡讓機身傾斜；用在繞圈飛行時。

升降舵
裝置在水平尾翼上的舵，可以由機師操作來抬高或壓低機頭。

水平尾翼
可提供飛機飛行中的穩定。可以像舵一般地改變角度，也可以因應飛行中的平衡變化。

前緣襟翼
比舊有機型多裝載一倍以上乘客，又可以在原有跑道起降的747前緣襟翼。由下方向外伸出。

後緣襟翼
747的後緣不只有向下折曲，而是屬於向後方伸出而且分為3片的三槽式後緣襟翼。

翼尖小翼（747-400）

747-400除了主翼較747經典型加長之外，翼尖還加裝了翼尖小翼。

翼尖小翼（MD-11）

除了朝上的之外，還裝有朝下小翼的MD-11。這種朝下的小翼也使用在開發中的737MAX翼尖小翼上。

融合式翼尖小翼

由主翼以平滑曲線向上立起的融合式翼尖小翼。除了737之外，757和767，以及A320也裝有類似的小翼。

傾斜式翼尖（777-300ER）

777的長程型777-300ER和-200LR，都裝設了讓主翼前端的後掠角和斜削加大的翼尖小翼，來降低風阻。

傾斜式翼尖（787-8）

沒有777-200LR/-300ER般的落差，呈現平滑曲線在翼端向後方彎區的787傾斜式翼尖。比主翼本身的上反角略大。

翼尖小翼

早期的A320翼端上裝置的箭鏃型翼尖小翼。目的和翼尖小翼一樣，A380也裝備有同型的小翼。

降低風阻的小小翼面
翼尖小翼

機翼一旦受風，則上面的壓力會下降，而下面的壓力會增加而產生揚升力。但是翼端會有下往上的氣流流動，而產生漩渦。這漩渦會影響到主翼，進而增加風阻。因此可以降低漩渦影響的細長型（長寬比大）機翼效率較好，但是改善仍然有限。於是為了不延伸機翼卻能達到減少風阻的目的，各公司都做了各種的設計。

最具代表性的，是裝在空中巴士A320和A380機上的箭鏃型翼尖小翼；波音747-400和空中巴士A330裝設的翼尖小翼，或是由主翼拉出呈現平滑曲線的融合式翼尖小翼等。融合式翼尖小翼裝設在波音737NG機上，而A320的新造機種也裝設這種來取代翼尖小翼（空中巴士稱為鯊鰭小翼），一般認為較翼尖小翼的效率更高。

此外，波音777-200LR/-300ER，和787、747-8則裝備了擴大翼端斜削比和後掠角的傾斜式翼尖。在減少翼端發生漩渦的這一點上，應該和翼尖小翼具有相同的目的。

掛架懸吊式

波音開發的主翼懸吊方式。實際上是吊向斜前方而不是下方，這種方式同時具有讓主翼重心前移，以壓抑空氣力學上震動的效能。

客機的發動機 配置方式的優點、缺點

發動機安裝的位置

大部分的客機，都在主翼下方吊掛發動機。這種配置方式有著結構較輕的優點。

飛機最需要強度的，是主翼和機身的連結部分。產生揚升力的主翼，在這個部分支撐著機身的重量。如果發動機安裝在機身上，發動機的重量也會加諸主翼連結部分上，而如果將發動機裝在主翼上，則主翼連結部分就能減少發動機的重量負擔，也因此可以結構簡單一些，重量減輕一些。

此外，大部分的客機發動機，不是掛在主翼的正下方，而是伸出前方吊掛。藉著讓主翼的重心前移，具有降低空氣力學上震動的效果。結果上，這個方式也具有減輕結構重量的效果。

但是將發動機吊掛在主翼上，必須要有足夠的高度，因此尤其是螺旋槳客機，通常會採用將主翼放在機身上方的高翼式。噴射機方面，雖然也有阿弗羅

RJ和軍用運輸機等高翼式的例子，但這種方式具有需要強度的主翼連結部分，和起落架裝置部分上下分散的缺點。

因此小型客機就以發動機裝在機身後方的後置發動機為主流；這種方式可以將機身高度降到極低，機門也可以直接作為階梯使用。此外，由於後置發動機讓主翼上的異物消失，空氣力學上效率也能夠提升。

穿刺尾翼的3發機

3發機中使用特殊發動機配置方式的DC-10和MD-11。中央發動機的效率雖然變好了，但整備性非常差（需使用高架工作平台維護）。

後置發動機方式

法國卡拉維爾開始使用的噴射發動機特有的裝備方式，常用在主翼下方沒有裝配空間的小型機上。

螺旋槳和噴射
發動機的種類

　　客機大分為螺旋槳客機和噴射客機。螺旋槳的原理和電風扇相近，但比電風扇強大很多，可以發出讓飛機以數百公里時速飛行的力量；此外，電風扇使用的是電力馬達，而飛機的螺旋槳則是往復式活塞發動機（和汽車相同），或是使用渦輪發動機（和噴射發動機相同，但以排氣的力量轉動渦輪傳導至螺旋槳）。以渦輪發動機轉動螺旋槳的方式稱為渦輪螺旋槳，現在幾乎所有的螺旋槳飛機都使用這種方式。

　　螺旋槳飛機的缺點，在於速度快不起來。因為螺旋槳葉前端一旦接近音速時，效率就會大幅降低的緣故，因此一般而言時速700公里就是上限了。相對於此，以噴出廢排氣的力量推動飛機的噴射發動機就沒有這種限制，適合高速化。在能夠縮短到達目的地所需時間（即是競爭力）的客機領域裡，噴射發動機便成為了主流。

渦輪螺旋槳

使用渦輪發動機轉動螺旋槳。低油耗且起飛距離短，是離島等航線上不可或缺的利器。

渦輪扇

幾乎全部的噴射客機都配備的渦輪扇。在渦輪噴射發動機的前方加設風扇，將大部分空氣在未經燃燒之下排到後方。比渦輪螺旋槳更適合高速飛行，也比渦輪噴射發動機經濟。

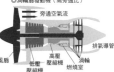

◎渦輪扇發動機（高旁通比）

旁通空氣流

風扇　　低壓　高壓　渦輪
　　　　壓縮機　壓縮機　燃燒室

排氣導管

　　初期的噴射發動機稱為渦輪噴射發動機，全部燃燒掉前方吸進的空氣後由後方排出。但是，渦輪噴射發動機油耗既差加上噪音又大，因此現在的主流已是將風扇裝在發動機本體之前的渦輪扇發動機。部分經過風扇的空氣會進入核心段，其他的空氣就直接排到後方。簡單地說，這種不經過核心段的空氣比例（旁通比）愈大則經濟性愈高。新型客機的噴射發動機之所以比舊型機的發動機粗，就是加大旁通比的結果。

將發動機的噴流導向前方的推力反向
推力反向器

　　客機降落時，發動機的一部分會打開，發出很大的聲響。這稱為推力反向器（Thrust reverser），是將朝向後方噴射的發動機排氣堵住使朝向前方，發揮煞車功能的緣故。當跑道是濕的狀態時，由水花的模樣就可以知道排氣是朝向前往的。

　　螺旋槳客機的螺旋槳槳葉角度是可以變換角度的，因此降落時將槳葉以和氣

刻意將發動機排氣堵住使朝向前方的推力反向器。幾乎都只使用通過風扇旁通空氣，再由開口部分噴出。

流呈現直角的角度作為煞車使用。也有部分機種可以像軍用的C-130運輸機般可以將槳葉角度調到相反的方向，但客機大都只是作為煞車使用。

起飛中的777-300ER
支撐住幾百噸的重量，同時耐得住賽車相當的時速300公里以上
速度的客機輪胎。但是，乘坐的舒適性並沒有列入考慮。

Konan Ase

其他的裝備　承受大重量、高速，以及降落的衝擊

起落架

世界最大客機A380的最大起飛重量是560噸，這相當於340輛豐田Prius的重量。這麼重的東西飛在天空或許已經十分令人驚訝了，但是在地面上更僅由5支起落架支撐住也真夠讓人訝異。A380共有22個機輪，因此單純計算下，每個輪胎要支撐25噸（15輛Prius）的重量，並且要承受住時速300公里和落地的衝擊。

此外，起落架還具有煞車功能，提供飛機降落後減速的功能。機首的鼻輪之外的主起落架上，備有多片煞車片構成的多盤式煞車系統，除了可由機師踩踏踏板來操控之外，還可以先行設定在觸地的同時加以啟動。

在地面上改變飛機行走方向時是和汽車相同，由鼻輪左右轉動。因此方向盤和操縱桿是另外備在駕駛艙裡，和駕駛盤是分開的。此外，主機輪的煞車可以左右分開使用，因此想要小幅度移動時，可以只使用內側的煞車。

Konan Ase

主機輪

輪胎的數量視飛機的重量而定，777每邊有6個。各自配備了碳纖維製的多盤式煞車。

鼻輪

鼻輪是藉著向左右操舵的方式來改變前進的方向。因此在輪柱上設有轉向用的油壓缸。

Konan Ase

降落飛機的外部燈光

主翼根部附近的是降落燈、在鼻輪上的是滑行燈。降落燈只要高度低於1萬呎時白天也會開燈。

會亮的飛機——各種燈光照具
外部燈光

客機上裝有各式各樣的燈具，最顯眼的應該是位在機身上下，會發出紅色閃光的防撞燈，以及翼端發光的白色閃光燈。二者的主要作用都是預防撞機。

沒有這麼顯眼但必須裝設的燈光是航行燈（navigation light），而且右翼端一定是綠色、左翼端紅色，尾部則一定是白色的。換句話說，只要看到航行燈的顏色和位置，即使夜晚看不到飛機，也可以知道飛行的方向。

燈光中最明亮的，是裝在主翼等處的降落燈和鼻輪上的滑行燈，在起降時照亮跑道和滑行道。此外，降落燈在高度低於1萬呎時就會打開，以促使周圍的飛機多加注意。

此外，還有照亮垂直尾翼上的標誌燈，以及確認主翼否結冰的機翼燈，還有夜間緊急逃生時的避難指示燈等各種燈具。

防撞燈和航行燈、標誌燈

機身上下紅色閃光的燈是防撞燈；航行燈朝後的是白色，橫向在右翼的是綠色、左翼則是紅色；照亮尾翼的則是標誌燈。

787的 LED防撞燈

除了機內的照明之外，連機外的燈光都開始使用LED，787連防撞燈都是LED燈。LED在周圍的辨識性高也是特色之一。

787的APU排氣口

機身的後方沒有塗裝，尖端則有APU的排氣口。排氣口上方則有APU用的進氣口蓋呈現打開的狀態。

在地面上供應電源的另一具發動機
輔助動力裝置（APU）

　　大部分的現代客機，在推進用的主發動機之外，還會裝備供給動力用的小型發動機，這稱為輔助動力裝置（APU）。

　　由於客機上使用的電力和油壓，或是空調用的空氣等，都是由裝在主發動機上的發電機供應，因此當飛機在地面上發動機熄火時就會中斷；此時在地面上就會啟動APU來運轉發電機等設備。看看客機的後端通常都會看到開了個小洞，而這就是APU的排氣口。

　　雖然是小型的發動機，但由於APU仍然會消耗燃料，而且發出噪音和廢氣，因此最近使用機場配置電源裝置（GPU）的情況逐漸增加。但是，787之外的噴射客機在啟動發動機時，仍然需要APU提供的高壓空氣，因此即便使用地面電源，但在出發前仍需啟動APU。

　　此外，雙發機在上空單側發動機故障時仍能持續飛行，但得到的電力將只有一半。因此在空中飛行時仍然能啟動APU來運轉發電機等設備。

APU的收納

APU多裝置於機身後部壓力隔板後方，名為尾部整流錐的部分；大部分雙發機在天空中也能啟動。

APU本體

維修時拆下來的APU。雖然有賽車同級的出力，但本體比想像中小很多。燃料是和主發動機相同的航空煤油。

收發飛航時必要的各種電波
天線

在平滑的客機機身上看得到好幾個小小的突起，這些大部分是天線。塑膠模型也看得到、在機身上下像是小小翼面的天線，是VHF無線電用的，由於這部分通常配有3具，因此會有3片天線；長程航線的機上會配備HF無線電，這部分的天線通常裝配在垂直尾翼裡。但747經典型等的老舊飛機上，就可以看到細長條狀的天線。

更小的天線包含了緊急情況時通報位置的ELT、衛星導航用的GPS、發射回應地面雷達電波的詢答器（Transponder）、避免和周圍飛機碰撞的TCAS、測量助航無線台方位的VOR、測量和助航無線台之間距離的DME，以及測量距地距離的雷達高度計等。

Konan Ase

客機的背上都是天線
機場看到的客機上有許多突起，這些大部分是天線，因為對應儀器的頻率和用途互異而有不同的形狀和大小。

Konan Ase

VHF無線和ELT
787垂直尾翼前方裝設的VHF無線電用天線（右/前）和緊急定位傳送器（ELT）用的天線。不同機種的裝設位置各異。

Konan Ase

機上網際網路
今後客機上會逐漸增加的網際網路用電波收發用天線。由巨大的整流罩包覆起來。

由發動機中抽出高壓空氣
空調

炎炎夏日時停靠地面的飛機表面熱到無法碰觸，而到了高空接觸到的卻是零下50度的低溫。為了讓乘客在溫度變化這麼劇烈下還能舒適度過，客機裡都會裝設強力的空調設備。再加上客機除了溫度調整之外，還必須要有為機艙加壓以因應高空中稀薄空氣的加壓功能。

多數客機都由發動機抽出這些空調用的空氣；將部分在發動機壓縮的高溫高壓的空氣在燃燒之前抽出，調整到適度的溫度和壓力後送進機艙內。此外，客

Konan Ase

空調用進氣口
多數飛機由發動機抽出空調用的空氣，但787則另外裝設進氣口（下），上為冷卻空氣用。

機的主翼連結部分看得到小小的空氣進氣口，這是熱交換機的空氣進氣口，用來冷卻空調用的高壓空氣。

101

有還是方便
雨刷

客機駕駛艙玻璃和汽車一樣都裝有雨刷，或許各位會認為以次音速飛行的客機是否還有雨刷的需求（戰鬥機都沒有雨刷），但起降時的飛行速度較慢，以及在機場內移動時還是有比較方便。原來早期的噴射客機DC-8並沒有裝設雨刷，而是以高壓空氣吹走雨滴，但由於不受機師青睞，之後的客機就都會裝設雨刷了。

此外，雨刷不一定只用在雨天，玻璃髒掉時可以搭配清潔液清洗窗戶來維持視野。尤其是787等駕駛艙未設窗戶的

Konan Ase

787的雨刷
擁有客機裡最大窗戶的787雨刷，搭配清潔液時，除了雨天之外還可以在窗戶髒時發揮功效。

駛駕艙窗戶的清潔作業
多數飛機的駕駛艙都開有側窗作為緊急出口之用，有側窗時要窗戶髒時也能簡單擦拭。

Konan Ase

機種，窗戶髒了無法輕鬆擦拭。這種時候有雨刷就方便多了。

以空氣壓力測量速度
皮托管

在天空飛行的飛機要測量出速度，需伸出有著朝前方開著洞的管子，利用管子接收到的空氣壓力來計算；這種測量空氣壓力的裝置稱為皮托管。

Static Port（靜壓孔）

測量周圍氣壓（靜壓）的洞。測到的氣壓除了推算出高度之外，還可以使用和皮托管測到的全壓差距推算出速度。

Konan Ase

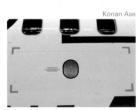

Konan Ase

747-400F的皮托管
在拉開到不易受到機身影響的距離之下，測量在朝前開的洞中受到的壓力。通常左右加起來配備有3支。

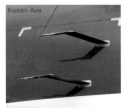

飛機使用空氣的壓力測量速度可說是合理的；飛機之所以需要知道速度，是為了確認機翼是否接受了足夠的風。像是起飛時雖然可以利用像汽車般以輪胎的轉數來計算速度，但如果是順風，則即使飛機的前進速度夠，但機翼的受風卻可能會不夠。這時拉高機頭就很容易會失速，但如果測量的是風的壓力，就不會有這方面的憂慮了。

但是，這麼測出的對氣速度，和到底在地面上前進了多少距離的對地速度之間會有落差。因此對地速度要以地面的無線台、上空的GPS衛星發出的電波，或是加在機身上的加速度等來進行測量。

此外，皮托管等使用空氣壓力觀測飛機狀態的裝置都設有高度計，這是利用了愈往高空氣壓愈低的性質，而觀測用的洞（靜壓孔）看來也像是機身的一部分。

767的尾部滑板

加長機身之後機尾擦地的危險性增高的767-300型開始裝置尾部滑板,會和起落架同步放下。

737的尾部滑板

內部裝填有容易毀損的蜂巢結構緩衝材料,一旦發生機尾擦地,外部的彩色帶會有變化。

飛機具有飛得愈慢就必須將機頭拉得愈高的特質,尤其在起降時必須慢速飛行,但是這時如果機頭拉得過高時,機身後方就有摩擦到地面的危險,這就是機尾擦地(tail strike)。而機身愈長的

輕輕地接受並釋放
雷擊對策等

飛行中的飛機被雷擊並不少見;而遭受雷擊的飛機也絕大部分不會有任何問題。由於金屬製的機身像是電線般讓電流容易通過,因此雷通常會直接流過飛機表面從另一方出去。

但是,如果雷打到的是電不易通過的地方,則巨大的電阻可能會發出高熱帶來損傷。客機上必須注意的是機頭的天線罩,這部分放著氣象雷達,為了讓雷達的電波容易穿透而使用不導電的塑膠

不放過機尾擦地事故
尾部滑板

客機機尾擦地的可能性愈高,因此就有裝設尾部滑板的可能。像是波音767和777的標準型200型是沒有尾部滑板的,但機身延長的300型就裝設了尾部滑板。

但是,尾部滑板並沒有能力完全防護因為機尾擦地帶來的機身破損,雖然有部分緩衝的效果,但把這個設備想像成感知發生機尾擦地情況的裝置或許會比較適當。

機尾擦地可怕的地方,除了機身受到損壞之外,還有就是不知道機身受損卻持續飛行,最糟糕的結果是因為擦地甚至導致墜毀。因此尾部滑板做了機尾擦到地面時可以清楚地顯示出來的設計。

製作。因此,天線罩表面都會貼上導電的金屬帶(導電帶)。

此外,飛機的主翼端和尾翼端附近,可以看到幾條細細的條狀突出物。這稱為放電索,具有將機身累積的靜電釋放出去的作用。機身若有靜電,就是造成無線電雜音的原因,因此以放電索加以防止。雖然同樣和電有關,但這不是避雷針。

天線罩的導電帶

天線罩(圖為打開的狀態)易受雷擊,因此會貼上有導電能力的金屬帶來讓電流通過。

翼端附近的放電索

機身累積了靜電就會造成無線電的雜音,翼端附近會裝設放電索讓電流容易釋放出去。

垂直起降機獵鷹式

獵鷹式是能夠垂直起降的攻擊機。運用這類技術的話,雖然客機也能夠垂直起降,但其他的性能會下降。

短場起降機「飛鳥」

過去由日本航空宇宙技術研究所打造的實驗機「飛鳥」。雖然短場起降的技術上有所收穫,但經濟性不佳。

經濟性重於起降性能

利用4具螺旋槳的尾流發揮極高起降性能的DHC-7。由於經濟性低而改生產雙發的DHC-8之後極受歡迎。

為什麼客機沒有?

垂直起降飛機的實現可能性

經濟性的問題大於技術面

科幻片上出現的未來飛機中,大部分是不用跑道就可以起降。而現實世界裡,部分軍機也可以垂直起降。但是客機裡卻還沒有能夠垂直起降的機種,連製造的計劃都沒有。技術層面上並非做不到,但是做出來一定是經濟面極低機種的緣故。

飛機由機翼受風,產生揚升力因而升空。因此會使用跑道加速來取得足夠的風。但是垂直起飛時無法借助於風力,必須要使用發動機的推力來起飛。

以A380為例的話,要讓最大起飛重量560噸的機身起飛,必須要有560噸的推力。A380配備的GP7000發動機的推力約37噸,因此必須要配置16具發動機。而且只要其中1具故障就不可能起飛。但是如果使用機翼,只要4分之1的4具

發動機就可以起飛,而且起飛中即使有1具發動機故障,仍然可以安全地起飛,當中差距極大。

當然如果裝了16具發動機,巡航中的油耗也會變差。雖然在空中可以關掉不必要的發動機,但是發動機的重量極重,只是些會升高風阻的無謂負擔。此外,整備的時間和費用也不可忽視。換句話說,可以垂直起降的話雖然可能很方便,但必須付出的代價卻是極大的。特殊的軍機固然可行,但追求經濟性的客機就不會被接受。

順便提一下,雖然不到可以垂直起降的程度,但是極高的短場起降性能(即在很短的跑道上起降的性能)仍然會讓經濟性惡化。更何況眾多機場已經擁有足夠長度的跑道,充分利用長跑道做出經濟的客機將更為有利。

客機的駕駛艙

駕駛艙可稱為客機的心臟。

是航空迷們最憧憬的空間。

駕駛艙同時也是客機配備裡，在技術革新方面最顯著的領域之一。

此外，像是波音747等的部分長銷機型，雖然外觀看來差不多，但早期型和最新型在操控系統上甚至完全不同。

每當新型客機開發出來，擁有最新技術的就會是駕駛艙。

Luke H.Ozawa

**2人
數位駕駛艙**

現代客機已經全
部由2個機師來操
控,通常左邊是機
長的座位,負責飛
機的操控。此外,
舊的機械式儀器幾
乎全部消失,改用
液晶等的電子顯示
器。

為了安全地飛行 集約了讓客機飛行的功能

駕駛艙

現代的客機由機師2人操控,一般都
稱為機長和副駕駛,但也有由二位都具
有機長資格的機師操控的情況,這時其
中之一就需擔任副駕駛。更正確些說明
的話,其中一人為PF(Pilot Flight),
主要負責操控,另一名稱為PM(Pilot
Monitoring),負責管制和通訊等非關
操控的業務。一般而言,機長座在左邊
執行PF,但是副駕駛也可以執行PF。

左右有著些許差異的裝備

左右的駕駛席基本上的裝備相同,但
由於還有位在中央如節流閥拉桿的共用
裝置,因此用起來還是有些許的差異。

此外,看著窗外還能夠確認飛行資訊
的HUD(抬頭顯示器),以及在地面可
以變更機身方向的轉向器等部分裝置,
在部分機種上只設在左邊。

基本配置共通化的進展

駕駛艙內有許多的裝備,而基本的配
列方式多數的客機都是相似的。左右席
的正面設有表示飛行狀況和機身狀況的
顯示器,突出其上方的擋光板下,則裝
有自動駕駛的模式控制面板等。

左右席之間的中央基座上,除了調節
發動機出力的節流閥拉桿之外,還裝置
了擾流板和襟翼的操控拉桿、提供電腦
(飛行管理系統)的資料輸出入裝置、
無線電操控板等。此外,頭上的操控板
上則有電力和油壓、燃料等主要系統的
開關,或是燈光和雨刷等的開關。

駕駛盤設於機師的正面,但空中巴士
客機的特色,則是以側置操縱桿取代了
駕駛盤。

Chapter5
活躍在世界各地的客機們

Konan Ase

波音787的駕駛艙配置

787的駕駛艙是新舊共存的；幾乎占去全部正面的大型顯示器和標準裝備的HUD是新設備，而基本的操作方法和操控感覺則和777做的幾乎相同。因此機師的轉移訓練在極短時間內即可完成。

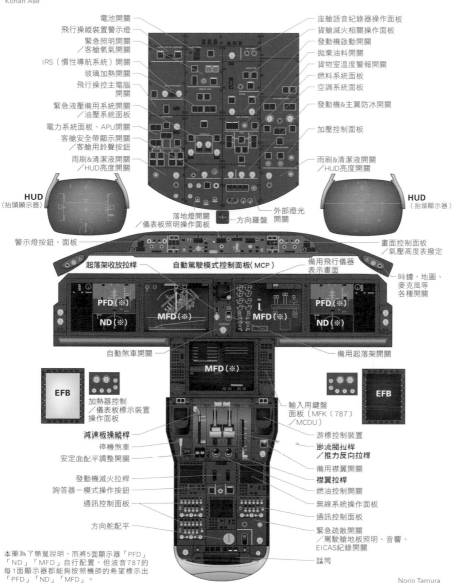

電池開關
飛行操縱裝置警示燈
緊急照明開關／客艙氧氣開關
IRS（慣性導航系統）開關
玻璃加熱開關
飛行操控主電腦開關
緊急液壓備用系統開關／油壓系統面板
電力系統面板、APU開關
客艙安全帶顯示開關／客艙用鈴聲按鈕
雨刷&清潔液開關／HUD亮度開關

座艙語音紀錄器操作面板
貨艙滅火相關操作面板
發動機啟動開關
拋棄油料開關
貨物室溫度警報開關
燃料系統面板
空調系統面板
發動機&主翼防冰開關
加壓控制面板
雨刷&清潔液開關／HUD亮度開關

HUD（抬頭顯示器）

落地燈開關／儀表板照明操作面板
方向羅盤
外部燈光開關

HUD（抬頭顯示器）

警示燈按鈕、面板
起落架收放拉桿
自動駕駛模式控制面板(MCP)
備用飛行儀器表示畫面

畫面控制面板／氣壓高度表撥定
時鐘、地圖、麥克風等各種開關

PFD(※)
MFD(※)
ND(※)
MFD(※)
PFD(※)
ND(※)

自動煞車開關
MFD(※)
備用起落架開關

EFB
加熱器控制／儀表板標示裝置操作面板
減速板操縱桿
停機煞車
安定面配平調整開關
發動機滅火拉桿
詢答器－模式操作按鈕
通訊控制面板
方向舵配平

輸入用鍵盤面板（MFK〔787〕／MCDU）
游標控制裝置
節流閥拉桿／推力反向拉桿
備用襟翼開關
襟翼拉桿
燃油控制開關
無線系統操作面板
通訊控制面板
緊急疏散開關／駕駛艙地板照明、音響、EICAS紀錄開關
話筒
EFB

本圖為了簡翼說明，而將5面顯示器「PFD」「ND」「MFD」自行配置，但波音787的每1面顯示器都能夠按照機師的希望標示出「PFD」「ND」「MFD」。

Norio Tamura

107

Konan Ase

駕駛盤（Control Wheel）

向左右轉動時，主翼的副翼就會動，讓飛機向左右傾斜，前推後拉時便可以拉起或壓低機頭。是讓飛機旋轉和上升下降時使用的最基本操縱裝置。

操控飛機隨心所欲
主要操控裝置

Konan Ase

Konan Ase

Konan Ase

側置操縱桿

倒向左右時飛機會左右傾斜，倒向前後時則可以調整機頭的上下。和駕駛盤的功能近似，但具有放手時仍能維持相同角度的功能

腳踏板

在天空控制方向舵，地面上則控制鼻輪，踏哪邊機頭就會朝向那一邊。在地面上時還可以操縱煞車。

節流閥拉桿

調整發動機的出力，向前推時出力便會上升。此外，還裝設有推力反向用的拉桿。

Konan Ase

轉向器

地面滑行中控制鼻輪向左右轉。

Konan Ase

減速板拉桿

減速或下降時讓主翼的擾流板立起來增加風阻。

Konan Ase

襟翼拉桿

操縱主翼的襟翼，讓飛機在低速下仍能安全飛行。

Konan Ase

起落架拉桿

操控起落架的收起放下。

Konan Ase

讓電腦反應機師的意志
自動駕駛裝置

Konan Ase

Konan Ase

MCDU

將數據輸入飛機電腦（FMS=飛行管理系統）內的裝置。將路線等數據輸入之後，飛機便能自動地按照路線飛行。

MCP

指示自動駕駛裝置進行路線、高度、上升下降率和速度等的設備。像是自動駕駛飛行中，若接獲航管人員通知更改路線和高度等時，就由這個面板來設定。

109

PFD（Primary Flight Display）主要飛行顯示器

飛機的姿勢、速度、高度、上升下降率、機頭的方位、路線的位置，以及自動駕駛的模式等，集中顯示出飛行的各種必要基本資訊。過去的飛機的速度和高度各有專用儀器，PFD不但將之集約在一個畫面上，而且多彩的顯示方式還是機械式儀器做不到的。

ND（Navigation Display）導航顯示器

在電子化的地圖上標示出飛機所在位置和路線等資訊的顯示器。簡單說就是汽車導航的航空版；除了可以標示出氣象雷達的雲圖以及和周邊飛機的資訊之外，還可以標示出高度等垂直方向的狀況。此外，在機場裡還可以標示出詳細的跑道、滑行道、停機坪的情況。

簡明易懂提供必要資訊
各種儀表裝置

MFD（Multi Function Display）多功能顯示器

標示出發動機和系統的情況，以及注意和警報的訊息。發動機相關的資訊是一直顯示著的，但其他的系統監視則基本上已經自動化，只在必要時標示出來。名稱和功能視廠商和功能而有若干差異，也有觸控面板可以顯示出電子確認清單的機種。

Konan Ase

HUD（Head-Up Display）抬頭顯示器

737NG上列為選購，787開始列為標準備配的新型
顯示裝置。將飛行資訊投影在機師正前方的透明玻
璃上，讓機師可以在看到機外的同時，掌握住必要
的資訊。顯示的內容基本上和PFD相近，但部分機
型還裝配了以紅外線感測器配合前方影像一起投影
的設備。

EFB（Electronic Flight Bag／電子飛行包）

將舊有紙本航圖電子化後的裝置。說成航空版的電
子書籍或許較易於理解，但是畫面上除了可以看到
文字和圖片之外，還可以和飛機的電腦連線進行性
能計算等。A380和787都已列為標準備配了，但較
舊的機型只是選配設備，大部分都沒有裝設。

Konan Ase

由骨董飛機到新時代飛機

各種駕駛艙圖鑑

Boeing

波音747-8

約間隔20年後生產的最新機型。機身加長，主翼和發動機、電子儀器也都全面更新，但是駕駛艙的配置刻意和747-400相同，以相同的操作性讓機師的操控資格共通。日本貨物航空公司持續引進中。

Konan Ase

波音747SR

也就是名為「經典巨無霸」的類比世代的747。除了2名機師之外還有飛航工程師（FE），進行系統的監視和燃料管理等。右側的面板為FE用的，儀器和開關都按照系統集中配置。

Charlie FURUSHO

空中巴士A380

A380是世界最大的客機，但空中巴士公司在A320之後的駕駛艙，都做成基本上的共通化，A380也大致相同。但是顯示器各自加大，數量也增加，以便提供給機師更多的資訊。

空中巴士A350XWB

在空中巴士最新型的客機
A350XWB上，正前方的顯示
器改為更大型的。舊型的機
種是各個功能分屬於不同的
顯示器，而A350XWB則是將
大型畫面分割，讓必要的資
訊同時顯示出來。但是，基
本上和A320的共通性仍高。

Charlie FURUSHO

Embraer170

巴西Embraer開發出的支線
客機，台灣的華信航空（使
用的機種是ERJ-170系列的
加長版ERJ-190）和日本的
J-AIR和富士夢幻航空都有
使用。特徵是倒W形的駕駛
盤，以Embraer的標誌為支點
向左右傾斜來操作。

FDA

龐巴迪
CRJ700NG

日本的IBEX航空有引進的
CRJ700NG。是由商務客
機挑戰者型改遍成50座
CRJ100/200的衍生型機種。
加長了機身並且配置了新的
主翼，但駕駛艙基本上相
同，機師的資格也互通。

Charlie FURUSHO

Hisami Ito

麥克唐納道格拉斯
（現為波音）
MD-11

將3發廣體客機DC-10的系統數位化，並可以2名機員駕駛的機型便是MD-11。特色是橫向一列排開的電子顯示器，以及運用電腦強化俯仰穩定的系統，中華航空和日本航空曾經使用過。

Charlie FURUSHO

道格拉斯（現為波音）
DC-10

和747經典型同為類比世代的廣體客機。由2名機師和飛航工程師（FE）共3人服勤。發動機有3具，因此有3支節流閥拉桿。此外，襟翼可以無段式的細部調整，是此機的另一特色。

Konan Ase

伊留申IL-96

俄羅斯的廣體客機IL-96，是一款擁有數位FBW數位駕駛艙，但同時又有飛航工程師（FE）服勤的特殊機種，基本上發動機和系統操作由FE來執行。此外，顯示器和說明標示都是俄文。

麥克唐納道格拉斯
（現為波音）
MD-90

承繼DC-9血脈的雙發客機，系統已經改為數位式的，但構成卻是顧慮到機師操作，有著強烈類比色彩的機種。此外，DC-9的機頭承襲了道格拉斯第一架噴射客機DC-8的線條，窗框的外形還留有過往的影子。

Konan Ase

波音737-400

共賣出1萬架以上的737，含開發中的機種共可分為4代，這是第二代的737-400。相較於競爭對手A320一次就全部數位化的規格，737則是重視和舊型的共通性，機師的資格也和舊款共通。

Konan Ase

蘇愷超級噴射機
（SSJ）100

SSJ100是航空大國俄羅斯和義大利共同開發，目標瞄準西方國客市場的幹線客機。備有如A320般的側置操縱桿，但是可以無段式操縱的節流閥拉桿卻有自己的風格；顯示器上使用的語言已改用英語。

Konan Ase

龐巴迪
DHC-8-400（Q400）

在日本有多架服役中的Q400雖然是螺旋槳客機，卻能達到時速超過600公里。機員2人，顯示器等也都電子化了，但要調整出力時除了動力把手之外，還有螺旋槳變距桿，這一點和噴射機不同。

Bombardier

龐巴迪
DHC-8-100

加拿大德哈維蘭（現龐巴迪）公司以開發出不平整地面仍可運用的堅固飛機聞名。同時追求高經濟性下生產出來的就是DHC-8，日本主要飛行離島的路線。但是此機在改為像Q400一樣的數位駕駛艙之前便已停產。

Charlie FURUSHO

紳寶340B

以汽車聞名的瑞典紳寶公司生產的小型螺旋槳機。部分系統已經數位化，也使用了電子顯示器，但1999年時停產。駕駛艙左方設有小窗，可以和地面傳遞文件等時使用。

Konan Ase

多尼爾Do228NG

德國多尼爾公司製作的19座小型螺旋槳客機。多尼爾倒閉之後所有權歸屬於RUAG公司,將系統數位化之後發展成為Do228NG。全世界最早引進此款飛機的是日本的新中央航空,用來飛航調布飛行場和伊豆各島之間。

Konan Ase

日本航空機製造YS-11

二次戰後日本生產的第一架客機,共生產了182架,也外銷到了國外。日本國內的客機已經全部退役,但自衛隊裡仍在飛航。由於操縱系統是人力而非油壓,因此舵非常重,而且馬力也不夠,在機師之間評價甚低。

Luke H.Ozawa

Britten-Norman BN-2B島嶼者

含機師在內只能容納10人的小型客機,但由於可以在很短的跑道上起降,仍然活躍在沖繩和新潟的離島航線上。由於此機可以由1名機員操縱,因此客滿時副駕駛座(右方操作席)也可以作為客座使用,十分有吸引力。

Konan Ase

訓練用模擬器

客機的訓練需使用飛行模擬器來進行。外觀上看來不過是個箱子,但裡面則是和客機的駕駛艙完全相同。

日本航空大學校的教練機

機師的訓練需要花費極大的費用,而日本國立的航空大學校可以比較低廉的費用進行訓練。但是不容易考進去。

模擬器的優點

使用模擬器除了費用上較為低廉之外,還可以訓練使用真正飛機時會極端危險的狀況。而且還可以不斷地重覆。

到 機 長 的 漫 長 路 途

機師的訓練

操控飛機要有幾個證照

要培養客機的機師需要花上3年左右的時間。一開始時使用單發螺旋槳(一具發動機)飛機進行訓練,接下來使用雙發螺旋槳(二具)的輕型飛機進行訓練。在約2年的訓練裡,可以取得職業飛行員必要的基本證照(商業飛行員、多發動機檢定、儀器飛行檢定)。部分航空公司是使用公費進行這類訓練的,但最近則是以自己有志於飛行,在自費取得之後接受就業考試的情況居多。取得這些證照需要花費的金額超過1500萬日圓。

取得證照如願在航空公司工作之後,要擔任客機的機師,還需要取得不同機種的限定證照。換句話說,如果要飛737就必須取得737的證照;A320要取得A320的證照。因此,在地面先學習飛機的機制和操作方法之後,再接受飛行模擬器的訓練。最近的飛行模擬器已經做得非常逼真,幾乎可以在沒碰過真飛機的情況下取得證照。

花費幾個月進行這類訓練,取得機種限定後,便會再接受幾個月的訓練以成為副駕駛。在通過考試之後,就可以飛上青空當上客機的機師了。下一個目標是成為機長,但是要成為機長必須有約10年左右的經驗。而且這段期間中,必須每半年接受一次定期審查,只要不及格就不能延續機師資格。

這類的定期審查裡,會使用飛行模擬器來審查緊急情況時的處理程序是否純熟。這個部分在升格機長之後仍然會進行,不論是多麼資深的機長,只要審查不及格就不能再執勤飛行下去。

此外,機師每半年還必項進行身體檢查,沒有通過的人也不能執行飛行任務。在這些持續而嚴格的檢查之下,來確保飛行的安全。

客機的性能

客機和軍用飛機不同，不單因為大或是快就代表了機種優良。
因為必須要是對航空公司而言，好用又能賺取利潤的飛機才是
好飛機。

當然，乘客要感到舒適也是必要的條件。

客機就是在滿足了這民航特有的條件之下，再追求高性能的產
物。

我們來看看現代客機的性能到底如何。

Luke H.Ozawa

大未必能兼小

客機的大小

　　客機正朝向更大、更快,以及飛得更遠的方向進化。但是,這些部分都已經到達極限了。

　　機身大小的部分,全經濟艙座位可以裝配達800座以上的空中巴士A380世界最大。而且,A380還正在設計將機身加長到

可以容納900人左右。這在現實上而言,應該已經到了大小的極限。

　　當然在技術上是可能做出更大飛機的。雖然不是客機,但現實上就有俄羅斯的安托諾夫An-225夢想式運輸機存在。而且即使製造出更大的客機,但可以容納的機場

Embraer170和175（E170、E175）
全長只差了1.8公尺，座位只差了8座，但二者都掌握了特定的需求，2013年底時，E170獲得了188架、E175獲得了375架的確定訂單。

空中巴士A320家族
A320也是在全長上做了細微區分的家族。基本的A320為37.57公尺，而小型的A319為33.84公尺、A318為31.44公尺。還有比A320大的A321，長度是44.51公尺。

安托諾夫An-225夢想式
An-225是兩翼上共掛了6具發動機的世界最大型運輸機。翼展88.74公尺，全長84.0公尺，全高18.1公尺，最大起飛重量達600噸。

Charlie FURUSHO

卻十分有限。換句話說，就是即使做得出來，卻沒有可供飛行的地力。而A380的部分，至今沒有航空公司下訂機身加長型的機種。現狀是，即便說「我們可以馬上做出更大的飛機」，也沒有航空公司表明要購買的意願。

現代的客機重視的是如何做出適當大小的飛機，而不是太飛機。像是空中巴士

A320系列裡，有機身短約4公尺的A319，以及更短2.4公尺的A318等衍生型機種。而Embraer170和175的機身差距只有1.8公尺，座位數也只差8座（2排）。如果只差這麼一點點，那全部用相同的反而容易的多，但其實各個機種都有相當多的訂單。可說現在是個十分重視些許尺寸大小的時代了。

幾乎可以直飛地球上的所有都市
客機的最大航程

飛機可以飛行的距離稱為最大航程，過去的飛機在這方面的性能是極為重要的指標。像是第一架噴射客機德哈維蘭彗星型早期型的最大航程只有2500公里左右。這比現在的支線客機航程更短，連飛越大西洋都做不到。不論速度比螺旋槳快了多少，但對於當時的黃金路線卻一點幫助也沒有。

因此美國首架噴射客機波音707和道格拉斯DC-8，就以能夠橫越大西洋和橫越美國大陸的最大航程為目標來設計。至於比大西洋距離更遠的太平洋橫越路線，配備油耗性能不佳渦輪噴射發動機的早期機型，由東京要飛到美國西岸，必須要在威克島和檀香山等2處加油。但是改裝配低油耗的渦輪扇發動機之後，只需要在檀香山1處加油，更後期的機種甚至可以不中停直飛美國西岸。途中沒有加油的需求時，同樣的速度也

會更早到達目的地。

之後，客機的最大航程不斷地加長，到了90年代初期時，日本直飛歐洲和美國東岸已成為了常識，而2005年完成的777-200LR終於實現了17500公里的最大航程。地球1圈是4萬公里，因此只要有一半約2萬公里的最大航程，就可以不中停地直飛到世界的任何地方。17500公里雖然還略為不夠，但已足夠飛遍世界的主要都市，相反地如果再追求航程下去的意義就不大了。

順便提一下，超長程路線上使用最大航程長的不中停機種未必有利。要飛得遠就必須裝載大量的燃料起飛，油耗表現就會變差。因此即使在途中降落一次，但重量輕的情況下飛行會讓消耗的燃料比較少。或許是這個原因，777-200LR的訂單只有60架左右（777總訂單量的4%）。

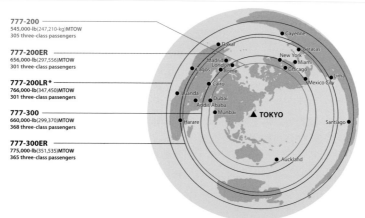

777-200
545,000-lb(247,210-kg)MTOW
305 three-class passengers

777-200ER
656,000-lb(297,556)MTOW
301 three-class passengers

777-200LR*
766,000-lb(347,450)MTOW
301 three-class passengers

777-300
660,000-lb(299,370)MTOW
368 three-class passengers

777-300ER
775,000-lb(351,535)MTOW
365 three-class passengers

Dakar, Cayenne, Caracas, New York, Miami, Madrid, London, Chicago, Lagos, Rome, Lima, Cairo, Mexico City, Luanda, Dubai, Addis Ababa, Munbai, Santiago, Harare, ▲ TOKYO, Auckland

波音
777系列的
最大航程

波音777的各機型從東京起飛時可以一次飛到哪裡的顯示圖。航程最長的777-200LR，可以從東京直飛南美智利的聖地牙哥不中停。

出典：Boeing

唯一商業化的超音速客機協和式

可以2馬赫巡航的協和式客機，由於無法解決經濟性
和噪音的問題，僅16架就停止了生產。2003年全部
退役，沒有生產後續機種。

超音速客機絕跡的原因
客機的速度

　大部分的噴射客機都以0.8馬赫，也就是
音速的8成速度巡航。但是，音速會受到
周圍的溫度等因素影響，因此0.8馬赫是時
速幾公里的問題並不容易回答。地面上的
音速大約是時速1200公里，而在氣溫低的
高空，音速會慢個時速200～300公里。當
然，客機的巡航速度會以這麼麻煩的單位
標示自然有它的理由。

空氣的性質以音速為界會出現極大的變
化。超音速的界線會發生震波，形成極大
的風阻。因此對噴射客機而言，以音速為
基準測量的速度，要比時速標示的絕對值
適當。

　此外，譬如0.99馬赫或0.98馬赫等感覺
上只要低於音速應該就可以了，但是流經
飛機表面的空氣，不同部位的速度也不
同，因此即使以0.9馬赫飛行，但有些部位
就會到達1馬赫而會發生震波。要保有到
達1馬赫的充裕空間，才會定在0.8馬赫左
右的。

　當然，讓客機飛超過音速是可能的。英
國和法國合製的協和式，過去就是以2馬

新一代超音速客機的研究

讓飛機以超音速飛行並不是問題，問題是經濟
性，以及噪音和震波對地面的影響。日本的
JAXA正在進行震波較弱的機身形狀研究，但
並沒有具體的開發計劃。

Konan Ase

赫巡航的。但是，為了超過音速，協和式
必須使用後燃器（在發動機排氣裡再注入
燃料來增大推力的裝置），消耗燃料像喝
水一般。既不能稱為經濟性高，最大航程
也短。

　客機如果只是技術上能夠飛行是沒有意
義的，必須符合商業上成本這一點，可說
是客機最困難的地方。協和式2003年全部
退役，但後續機種卻沒有生產。而波音計
劃以接近音速飛行的音速巡航機概念，也
沒有得到航空公司的青睞。對客機而言，
速度上的優勢並沒有經濟性優勢這麼重
要。

碳纖維打造的波音787

787的機身主要構造使用了碳纖維取代了既有的杜拉鋁。輕質的機身除了省油之外，由於不會生鏽，在整備費用上也能有所節約。

削減油耗、整備費用,以及訓練費用
飛機的經濟性

　　過去讓人們驚奇的大、 速度和最大航程, 都已經不是評量客機的絕對性尺度。 但是, 航空公司卻常會要求客機有新的性能; 而在現代, 要求最高的就是經濟性。

　　波音787和A350XWB, 都以比過往客機節省約20％的油耗作為最大的賣點。 當然, 早期的噴射客機也追求過油耗性能的提升, 但是這主要的著眼點是為了加長最大航程, 而不是經濟性。但是, 和航空燃油低廉的過去不同, 現在據說占了客機直接營運費用的約一半。 能夠刪減20％是極富有吸引力的。當然, 降低了油耗, 就可以帶動資源的有效活用, 也可以減少二氧化碳的排放量。

　　此外, 新型客機還講究到燃料以外的成本削減上。 像是787的機身結構是由使用碳纖維的複合材料做成, 這除了可以比舊有的鋁合金輕之外, 還有不會像金屬般鏽蝕 (不會生鏽) 的優點。 金屬製客機的整備, 在發現和處理鏽蝕上耗費了大量的時間和費用, 而複合材料製客機就可以削減掉這個部分。

　　這類客機還可以壓低機師等的人力成本。 每種客機的操作方式不同, 必須要接受該型客機的訓練, 取得操縱證照。 但由於新型客機都刻意做成和舊型客機近似的操縱方式, 因此訓練時間可以大幅縮減。 縮短訓練時間不但可以減少訓練的費用, 為了訓練而停飛的期間也可以縮短。 這就意味著機師營業飛行的時間可以更長的意思。

　　是否能夠盡量不花費時間之下還能高效率飛行, 就將是大幅左右今後客機競爭力的標準了。

嘗試取代石油
的新燃料

全世界都要求減少二氧化碳排放當中,新燃料的開發工作也如火如荼地進行中。由植物做成的生質燃料也已經過測試飛行到了實用的階段,但成本仍高。

能裝載多少人、多少物品？
客機的重量

　　客機有關於機身強度、性能和安全性等各式各樣的確定重量。世界最大的客機A380，就有最大地上重量562噸、最大起飛重量560噸、最大著陸重量386噸和最大零燃料重量361噸等。

　　像是最大起飛重量和最大著陸重量差距達174噸，當以最大起飛重量起飛之後，就算必須立刻緊急降落，也必須減少燃料讓機身重量低於394噸後才降落。如果一直盤旋到耗完油料需耗時很久，因此大部分客機都有拋棄燃料的裝置。

　　包含A380在內的所有客機，通常不能將乘客、貨物、油料都裝滿。因為當客滿的乘客、貨艙滿載，加上油箱加滿之後，就一定會超過最大起飛重量。當飛行條件比較嚴苛時，就必須要從這三者之中做出減少。如果燃料沒裝到需要量時可能飛不到目的地，這時就先減少貨物，如果還是超過時就必須要減少乘客。

　　此外，飛機裡除了重量之外，還有重心位置也很重要。這部分通常是用貨物的擺放位置來加以調整，但尤其是小型飛機時，乘客座的位置也有所影響。如果乘客人數不多，卻被侷限於客艙的某個特定部分那取得平衡的可能性就很大。這種情況時，不要認為「那邊有空位呀」而擅自移動座位，要先取得空服員的同意再移動。

起飛前確認重量和平衡

重量和平衡如果沒在規定之內，則任何飛機都無法安全飛行。出發前最後的重量平衡結果都會報告給機師。

Konan Ase

560噸的起飛

A380的最大起飛重量是560噸，相較之下最大著陸重量只有386噸，因此若發生狀況而必須立刻降落時，就必須在上空拋棄燃料減輕重量。

Airbus

不可輕忽的地板下裝載能力

客機的載貨能力

客機的圓形機身裡，在客艙的地板下方會有半圓形的空間作為貨艙使用。雖然感覺上是將沒用的空間做有效運用，但是它的載貨能力卻是不容小覷的。像是人稱中型機的波音787，地板下方就可以裝載41.4噸的貨物，日本航空自衛隊的C-1運輸機號稱可以裝載8噸，因此等於可以運送C-1運輸機5倍的貨物。

而要將眾多貨物高效率地裝載，就需使用貨櫃或棧板（裝載貨物的平板）。最具代表性的LD-3貨櫃設計上可以在747地板下裝成2排，之後的廣體客機就以這個為基準來設計機身直徑。但是廣體客機機身最細的A300（A330亦同），直徑只能勉強裝下2排LD-3，必須將地板上移，因此客艙就稍微有些壓迫感。機身再細些的半廣體767，由於無法裝載2排LD-3，因此使用的是較小型的LD-2貨櫃。但是考慮到共通性等因素下，使用767專用的貨櫃相當不便，因此許多公司寧可犧牲掉一些空間，只裝載1列的LD-3。

順便提一下，地板下貨艙能裝載最多貨物的客機是777-300，最多可以裝載LD-3貨櫃44個、重量達72.5噸。在客機領域裡，這相當於更大型747-400的約1.6倍的載貨量。

最大的地板下貨艙

777-300ER地板下貨艙的上貨情景。該機最多可以裝載44個LD-3貨櫃，在客機裡這是最大等級。

乘客手提行李
收費貨物（貨櫃、棧板）
散裝貨物

波音787的貨艙

787客艙下方設置的貨艙載貨量約為41噸。貨艙以主翼區隔為前後，也有加壓的氣壓調整和空調的溫度管理。
出典：Boeing

Konan Ase

起飛前檢查

飛機起飛之前,需由擁有證照的維修人員進行機身情況的確認。同時在飛行中也都有電腦紀錄飛機情況。

為了提供安全的飛航

維修

各式各樣的維修作業

為了讓客機安全地飛行,每天的維修作業不可或缺。在進行飛行之前,需由擁有國家級證照的維修人員進行機身的檢查,確認適合飛行。日本的法律規定,沒有維修人員的簽名,客機是不能出發的。

這種在飛行前,或是飛航期間進行的維修又稱為線上維修(Line Maintenance)。當然發現到異常時就必須修理,但是客機也必須追求定時性。因此,最近的客機在飛行中即可由電腦對機身進行監視,並將資料傳至地面。這個作法在飛機抵達之前,維修人員即可掌握飛機的異常和原因所在,並預先進行更換零件的調度和作業程序的安排等,以迅速地進行因應。

此外,每隔一段期間,或每過一段飛行時間,都必須對飛機進行定期維修。這個部分也分為幾個等級,像是每隔2~3年進行一次的C Check,是將飛機拖進機庫內,花費1星期的時間進行。機庫又稱為維修工廠或Dock,因此這種維修又稱為庫內維修(Dock維修)。還有每4~5年進行一次的D Check(高階維修),需要花3~4週,將飛機進行徹底的檢查維修,包含重新塗裝後才完成。日本的ANA和JAL都將這類的維修工廠開放參觀,到官網進行預約即可參觀。

此外,客機除了機身之外,發動機和電子儀器等也要進行專門的維修。這種維修需將發動機和電子儀器等從飛機上拆下來,在專門的設施內進行維修,這又稱為機體維修(Ship Maintenance)。

庫內維修

客機需定期地進入機庫進行徹底的維修。高階維修（heavy maintenance）必須將飛機的塗漆刮除，在確認鏽蝕等之後，重新塗裝完成。

Konan Ase

機體維修

除了飛機機身之外，發動機和電子儀器等都有專有的維修設施，必須在規定的期間進行維修。

Konan Ase

機身工廠參觀

日本的JAL和ANA都會開放工廠供一般民眾參觀，可以自行到該公司的網站預約申請；免費參觀。

Konan Ase

國家圖書館出版品預行編目資料

客機大百科 / Ikaros Publication CO., LTD.作；
張雲清翻譯. -- 第一版.
-- 新北市：人人，2015.03
　面；　　公分. -- (世界飛機系列)
ISBN 978-986-5903-79-4(平裝)

1.民航機
447.73　　　　　　　　　104002152

【世界飛機系列】

客機大百科

作者／Ikaros Publication CO., LTD.
翻譯／張雲清
審訂／李世平
發行人／周元白
出版者／人人出版股份有限公司
地址／23145 新北市新店區寶橋路 235 巷 6 弄 6 號 7 樓
電話／(02)2918-3366(代表號)
傳真／(02)2914-0000
網址／www.jjp.com.tw
郵政劃撥帳號／16402311 人人出版股份有限公司
製版印刷／長城製版印刷股份有限公司
電話／(02)2918-3366(代表號)
經銷商／聯合發行股份有限公司
電話／(02)2917-8022
第一版第一刷／2015 年 3 月
第一版第四刷／2019 年 8 月
定價／新台幣 300 元